折射集
prisma

照亮存在之遮蔽

The Surrender Experiment

My Journey into Life's Perfection

[美] 迈克·A.辛格 著　　易灵运 译

Michael A. Singer

臣服实验

南京大学出版社

江苏省版权局著作权合同登记 图字:10 - 2017 - 105 号

图书在版编目(CIP)数据

臣服实验／(美)迈克·A. 辛格著；易灵运译. -- 南京：南京大学出版社，2019. 1(2025. 10 重印)
书名原文：The Surrender Experiment：My Journey into Life's Perfection
ISBN 978 - 7 - 305 - 20330 - 5

Ⅰ. ①臣… Ⅱ. ①迈… ②易… Ⅲ. ①人生哲学一通俗读物 Ⅳ. ①B821 - 49

中国版本图书馆 CIP 数据核字(2018)第 124094 号

出版发行 南京大学出版社
社　　址 南京市汉口路 22 号　　　　邮　编　210093
书　　名　臣服实验
　　　　　CHENFU SHIYAN
著　　者　[美]迈克·A. 辛格
译　　者　易灵运
责任编辑　张　静
照　　排　南京南琳图文制作有限公司
印　　刷　江苏凤凰通达印刷有限公司
开　　本　850 mm×1168 mm　1/32 开　印张 8.875　字数 210 千
版　　次　2019 年 1 月第 1 版　　印　次　2025 年 10 月第 27 次印刷
ISBN 978 - 7 - 305 - 20330 - 5
定　　价　59.00 元

网址：http://www. njupco. com
官方微博：http://weibo. com/njupco
官方微信号：njupress
销售咨询热线：(025) 83594756

如何做成一件事？（代序）

李一诺*

我最近一直在看的一本书，是 Michael A. Singer 的 *The Surrender Experiment — My Journey into Life's Perfection*。

看一本讲自我成长的书而看哭，对我来说是第一次。原来很多书，我看了会思考，会有感悟；看这本书，我经历了内心巨大的共鸣和情绪的起伏，经常忍不住流下泪水。

遇见"臣服"

Michael A. Singer 是 1947 年生人，现在健在，生活在美国佛罗里达北部。这本书是讲他自己一生的历程。从外在看，他是一个极

---

* 李一诺，盖茨基金会原中国区首席代表，2016 年世界经济论坛"全球青年领袖"，前麦肯锡全球董事合伙人。"奴隶社会"公众号和一土教育的共同创始人，有马甲线的三娃妈妈。

其成功的创业者和生意人，经济学硕士，在社区大学教过书，创办的第一个公司是个叫"Built with Love"的建筑公司，后来是 Medical Manager Corporation 的创办 CEO 和董事长。公司在 1997 年上市，1999 年就有超过 10 亿美元的估值，公司成就还载入了史密森学会的档案。但他的职业生涯也跌宕起伏，2005 年由于公司财务被司法部门起诉，他不停抗争，直到 2010 年讼方撤掉所有起诉。他还是一位畅销书作家，早先写的 *The Untethered Soul* 长时间高居《纽约时报》畅销书排行榜。

但这本 *The Surrender Experiment* 并不是讲他事业成功的励志故事，讲的是这一切是怎么来的，以及他内心四十多年的历程。讲他如何在 20 岁出头读研究生的时候开始自我发现之旅，像半个疯子一般，住在车里和帐篷里，每天冥想。1971 年他用老爸给他存着上大学的 1.5 万美元（由于拿了奖学金，没花到这笔钱）买了他到现在一直居住的这块林中地，和几个大学同学一起盖房子。从 1972 年开始在这片林中地上每周日都会有冥想活动，并逐渐成为一个社区行为。直到今天，这一活动四十多年来没间断过，这块林中地也成了"Temple of Universe"，是世界各地的人们在自我发现之旅中可以去冥想和沉思的地方。

他的旅途开始于对"我"的觉醒，对自己内心恐惧的探寻。他在对"我"和"生活"以及"世界"的关系的不停探索中，从不自知到自知，从自知到对抗，从对抗到控制，从控制到放手，从放手到臣服。看这本书，你会看到一个生命的痛苦、纠结、探寻、发现和最终的绽放。这个过程，他叫作"The Surrender Experiment"（臣服实验）。

他无疑是一个大师级的人物,但这一切的核心,用他的话说非常简单,是通过"放弃""我"的偏见和喜恶,"臣服"于"生活"本身。

我第一次看哭,是那段讲他在 1971 年,24 岁的时候开始和几个大学的朋友准备自己建那个小木屋。他那时候像流浪汉一样已经在车里住了大半年,而且他们三个人没有一个人盖过房子,唯一比较"专业"的是一个刚毕业的建筑硕士。他们本来就是想盖一个简陋的小木屋,但那位建筑硕士毕业生画出来的图纸让他们吓了一跳:楔形的两层楼,大落地窗,完全是一个建筑作品。不过经过短暂的犹豫以后,他们还是准备做了:

> 我们纵身一跃,全身投入,像年少轻狂的嬉皮士和疯子一样地不要理智。

这句话一下子击中了我的泪点,想到我们做一土学校这个项目,从一开始有个疯狂的想法,到纵身一跃,全身投入。我们都远远超过了24 岁的年龄,但都像"年少轻狂的嬉皮士和疯子一样地不要理智"。

在盖房子的过程中,他们得到了很多帮助,其中有意思的一段是和木材厂主夫妇的关系。因为穷,他们只能买没被处理的木材,基本上就是树锯成几段就用。几个月下来木材厂主夫妇和他们打交道,帮了不少忙,最后请他们到家里吃饭。他们美坏了,因为这是这帮嬉皮士这大半年头一次到房子里吃饭,之前都是在林中地上用火烤东西吃。木材厂主夫妇是典型的 70 年代美国南部保守农民,一开始对这些留着长发、穿着拖鞋的年轻人很是冷眼相对,但他们说:"我们以前觉得你们是几个大怪人，不过现在觉得你们其实很可爱。"

他写到这段经历时说：

> 不知道为什么，从你最预想不到的地方，会有让你深深
> 感动的经历。
>
> Somehow, deeply touching experiences kept coming
> from the most unexpected places.

这说的也是我的感受：做这个学校项目，得到了很多意想不到的善意
和帮助，认识了很多素昧平生却一见如故、给力帮忙的朋友。

后来，他们的房子盖好了，三个人之一 Bobby 问了一个他们以
前没想过的问题：谁来铺电线？Mickey 没干过，不过自告奋勇了。
然后 Bobby 扔给他一本大学某一堂课的课本就走了。

> 他对我竟然有信心，我可以把整个房子的电线搞定，
> 这种信心够让人掉下巴的。不过如果他觉得我行，我也许
> 就行。一个大师说过，"每天咬下比你能嚼的大一点的一
> 口，然后，嚼"。生活在给我上重要的一课。

回到我们自己，也经常感觉像那个拿着教科书铺电线的嬉皮士。
学校项目，小到报名表格，大到课程知识体系，都从头学来。不
过得益于上面提到的那些从各个方向来的帮助，我们也每天咬大一
点的一口。

　　　　　　　　　　　　　　臣服实验

记得有一次团队在一个难度大的事情上找不到方法,不知道谁说了一句,今天找不到,明天就找到了。果然,第二天就神奇地有了解决方法。从我们下定决心做这件事的 2016 年 3 月 14 日,到现在两年多了,我自己从一个教育的外行,到现在可以听懂很多教育术语,还可以系统地分享观点了。

现在还记得两年前因为我的那篇文章,学校收到了一百多个家庭的报名。我们开始面试的时候,团队开玩笑说,家长来了,咱可是玩儿真的了哈。

现在回想,那次面试,好像是铺上了第一条真的"电线"。

如何做成一件事?

现在回到正题:如何做成一件事?我们一般的叙事模式,做成一件事,是因为做事的人有眼光、有魄力、有能力、有资源、有领导力。这些也许都对,但又都不是根本。这种叙事模式的假设,是"我"很重要,因为"我"这件事才能做成。

做成一件事,首先因为这件事是一件对的事,所以如果不是甲做,也会有乙做。不是我做,也会有别人来做。我们如果有机会做这件事,是因为我们恰巧在某个时间、某个情境碰到了这个机会,成为做成这件事的"工具"。那我们能做的,不是觉得自己是救世主,而是把自己这个"工具"不断"变得更好",把这件事做成。

这本书讲的"surrender"就是这个意思——"臣服"。在这一点上,东西方的智慧是一样的,东方的表述,就是"无我"。

臣服，一个多么有力的词！它经常让人联想到懦弱和胆小，但对我来说，臣服需要我付出所有的力量，让我足够勇敢，能跟随看不到的路径进入未知。这就是我做的。臣服并没有让我清晰地看到路，事实上，我对要去哪里一无所知。但是臣服在一个核心的问题上让我清楚地明白：我个人的偏爱好恶不会指导我的生活方向，我主动地允许我的生活被一个强有力得多的力量指导，那就是生活本身。

Surrender—what an amazingly powerful word. It often engenders the thought of weakness and cowardice. In my case，it required all the strength I had to be brave enough to follow the invisible into the unknown. And that is exactly what I was doing. It's not that surrender gave me clarity about where I was going—I had no idea where it would lead me. But surrender did give me clarity in one essential area：my personal preferences of like and dislike were not going to guide my life. By surrendering the hold those powerful forces had on me，I was allowing my life to be guided by a much more powerful force，life itself.

回想我们办学校，第一篇文章《你也为孩子上学发愁吗？》引起这么广泛的共鸣和传播，并不是因为我李一诺多么有眼光，是因为这样的教育理想在很多人的心里。我只是把它表述了出来，通过"奴隶社会"这个平台让很多人看到了而已。一旦被看到了，很多事就自然地发生了,很多资源和帮助就来了。我们就让"生活"本身在引导我们了。

"无我"之后,就是"无为"。这也许听起来很矛盾,不过下面这句话,就是对"无为"一个西方版本的非常到位的诠释:

> There are no decisions; there is only interaction with what is in front of you. Decisions come because you have attachments, desires, and fears. The only thing that will help you is to let go. If you let go of your stuff, there are no decisions—there is just life.
>
> —Michael Singer
>
> 没有要做的决定,有的是你和你面前的事的交互。认为我要去做决定,是因为我有各种牵挂、欲望和恐惧。唯一能帮我们的,是放下、释怀。如果你能放下自己的这些欲望和恐惧,那就没有什么决定需要做,剩下的只是生活本身。
>
> ——迈克·辛格

这就是"无为"的意义吧。

所以有人问我,有没有信心做成教育这件事,我说一定能。但这不是因为我对自己的能力充满信心,而是因为这是一件对的事,所以做成也不会是靠我一个人的能力,而是靠所有认同这个教育理想的人共同的智慧和努力。有了这些智慧和努力,这件事不可能做不成,不是吗?所以我们的"无为"会是成就这件事的深层原因之一。

希望我写的不是太玄，大家能看得懂，有共鸣，我们一起做到"无我"，把自己作为工具，做成这件事。

最后，一土一直希望更多人加入我们，如果你对上面我写的"有共鸣"，对教育或者管理有相关经验，有咨询背景或者愿意写文字，都可以联系我们。了解一土看网站 www. etuschool. org 或者发邮件至邮箱 info@etuschool. org。

最后说一句，向内看，才能向前走，向内寻找内心的炬火，向前照亮人生的道路。

缘起及致谢

　　《臣服实验》这个出版项目缘于一个偶然亦是必然事件。2016年5月的一天,作为出版人的蔚蓝在"奴隶社会"上看到了一诺写的《如何做成一件事?》。是的,就是本书前面的"代序"文章。感谢一诺老师的这篇分享文章,它使我们注意到了让她哭得稀里哗啦的《臣服实验》这本书,阅读它,被它震撼,并最终促成项目立项。

　　项目立项后,我们于2017年5月5日通过公众号"奴隶社会"发出译者征集文章。文章发出后,报名非常踊跃。因为最终只能选出一位译者,怕浪费太多人的时间,所以在5月8日凌晨项目组通过一土社区的群说明情况,并宣布关闭报名通道。但后来几天因为大家还是非常热情,我们又陆续发了一些试译资料。最终,我们收到160多封报名邮件,并且在5月20日之前收到了84份试译稿。

　　在此,感谢花费时间翻译并提交了试译章节的每一个人。

　　我们邀请了来自南京大学外国语学院英文系的两位教授进行译

稿评审。他们都是英语文学和翻译专业出身,有海外学习和海外任教经历,担任过多次翻译竞赛的评审,有着丰富的经验。在评审过程中,项目组保持中立,未参与到具体流程中。

在认真审读了每一份译稿并且交互审读之后,最终两位评审一致认为奴隶社会读者 Vera(易灵运)提交的试译稿,虽有几处译文仍可以打磨,但总体来说,较为准确地传达了原文的意思,汉语表达也很流畅,建议 Vera 作为这次活动的优胜者,担纲这本书的主要翻译工作。

除了选出主要译者,我们还成立了一个审稿人小组。Vera 在完成每章的翻译后,将译文上传,审稿人对译稿中有疑问的地方讨论并提出翻译意见,共同帮助译者完成了书稿的翻译。

特在此对以下 16 位审稿人致以衷心感谢。

（按姓名首字母顺序排列）

陈　静	丁秋雯	冯　雯	葛小梁
韩　波	梁玉婷	刘婷婷	刘亦然
潘雅静	王　蓉	王宇丹	徐思婧
许菲菲	燕赵译士	袁　灿	张　琳

最后,对所有关心《臣服实验》这个项目的大家表示深深的感谢。在译者征集阶段,很多朋友在发来的报名邮件里和我们分享了自己的人生经历,令我们印象深刻。这对我们来说不仅是一个工作项目,更是一趟奇妙的旅程。参与的读者背景、职业多样,有很多专业人

士，会计师、管理咨询师、私募基金管理人、法务，有大学教师，有艺术管理者，有新移民，有全职妈妈，有华文知识社群的创始人，有初创企业的CEO，有在硅谷和澳洲工作的科技界人士，也有在海外进行创新教学实践的核工程博士，有在矿业/电动工具买手公司/植物研究所/银行等行业转战自如的科幻小说爱好者，有多年的媒体人，有物理海洋学、药理学博士，有计算机科学顾问、职业医师，有神秘的字幕组志愿者，等等。这其中，很多读者都阅读过大量关于个人成长、心灵成长方面的书籍，甚至本身就是长期的冥想践行人。最动人的是，有几位读者因为自己的生活经历，在此次征集活动之前就注意到了这本书，并翻译了部分章节内容，也是一种奇妙的缘分。

谢谢有趣有梦的你们，我们一起完成了一件很酷的事儿。

《臣服实验》项目组

献给大师们

目　录

致　谢

事实上，生命著成了此书，也是她展现出事件的走向如此有力而神奇，以至于需要被记载。然而生命需要我来执笔写下她的伟大，以被世人记忆。因此在正确的时间点，正确的人被她派来助我完成了这本《臣服实验》。

请让我向产品经理凯伦·恩特纳致以由衷的感谢，她为本书做出了非凡的贡献。她不懈与无私的帮助为这部作品注入了一种当今难得的完美与投入。

趁此机会也要感谢我的编辑，来自皇冠出版社的加里·贾森，感谢他的努力和卓越建议。正如期望的一样，生命派出了绝对完美的编辑来助我写出生命之伟大的证词。

此书有不少前期读者，他们都值得感谢。在此我想特意致谢詹姆士·奥迪亚、厄休拉·哈罗斯以及史蒂芬妮·戴维斯，在我写作早期他们对一篇又一篇文稿提出了详细的建议。

而现在，我要感谢你们，我的读者，谢谢你们怀抱兴趣、花费时间来阅读这非凡的实验。愿我们每一天都能更加欣赏自己在这神奇宇宙中的生命。

第一部分

———————— I ————————

觉

醒

前 言

— ✳ —

    独自坐在飞行在四万英尺高上空的六座私人飞机里是一件惬意的事，我进入冥想，心绪宁静。再度睁眼，我感受到了与初次搬进森林里独处冥想时完全不同的境遇。虽然仍身在同一片树林，我却已成为一个上市公司的总裁，而我的独处之处也变为一个发展飞快的瑜伽社区。生活以某种方式向我展现着奇迹。对于如今的我来说，很明显所有这些生活经历，包括此刻身在如此高处管理企业，都能如我独处沉思的那些岁月一样让我在精神上解放自己。正如赫拉克勒斯用河流去清理奥吉斯国王的牛厩一样，生命的潮水有力地洗净了我身上残留的东西。无论发生什么，我都只是不断放手，不再抵抗。当飞去得克萨斯与一位从未谋面的总裁谈一桩10亿美元的并购案时，我的想法亦是如此。

我的沉思，1999 年 5 月

生活很少以我们期望的方式展开。如果我们停下来想想，那是有道理的。生命的范围是宇宙，我们并不能控制生命中发生的事，这是一个不言自明的事实。宇宙已存在了138亿年，这个进程决定了生命的河流并非在你我出生时才开始，也不会在我们死去时就结束。任何时刻在我们面前展现的都是真正非凡的东西，是那些已经相互作用几十亿年的力量达成的结果。对于身边发生的事，我们起到的作用微乎其微。然而我们又不断东奔西走，试图控制和决定将会在我们生命中发生的事。也难怪总是有这么多的紧张、焦虑和恐惧。我们总认为事情应该以我们想要的方式出现，而不是各种造物之力的自然结果。

我们日日都以自己的想法为重，罔顾眼前现实。"今天最好不要下雨呀，我要去露营呢"或者"我最好能升职呀，因为太需要钱了"，这都是我们常说的话。请注意，这些关于什么应该、什么不应该的大胆要求并没有科学依据；它们完全建立在我们脑中的个人喜好之上。我们完全没有意识到自己做什么事都用这种方式——就好像我们真的相信我们身处的世界应该按照我们的个人喜好来运作，如果事情与此相悖那就不对。这是一种非常艰难的生活方式，也是我们总是觉得自己在与生活抗争的原因。

然而，还有一个事实就是，在面对眼前展开的事件时，我们也非无能为力。我们有上天赋予的意志，可以遵从内心来决定想要一件事情办成什么样子，并且以头脑、内心以及身体的力量来使外部世界服从。但这也使我们需要不断面对自我方式与自然方式的斗争。个人意志与现实生活的斗争最终总是会消耗我们的生命。在这场战斗中,胜利时,我们欢欣鼓舞;失败时,我们垂头丧气。多数人只会在得偿所愿的时候开心,因此我们总是不断试图掌控一切。

问题是,非得这样做吗?很多证据表明,生命可以很好地自己运转。星球总在轨道上运行,种子会变成参天大树,几百万年以来气候模式使全球的森林都有足够的水分,胚胎能长成漂亮的婴孩。我们没有有意去做这些事;它们是因生命本身不可思议之完美而形成的。所有这些神奇的事件以及其他更多数不清的奇迹,都是因几十亿年以来一直存在的生命之力而出现,我们每日却想以意志来与生命之力对抗。既然生命之力的自然展开能创造并保护好整个宇宙,那么,那种认为人的意志才能使一切更好的想法真的合理吗?这本书想探讨的正是这个有趣的问题。

没可能还有更重要的问题了吧?生命能自动展现 DNA 分子,更不用提它创造了人类大脑这一事实,我们怎么就觉得自己能掌控一切呢?一定还有更理智的方式来对待生命。比如,如果我们尊重生命的流向,并以我们的自由意志去参与这个自然过程,而不是去与之搏斗,那会有怎样的后果?自然展开的生命质量会如何?会是无序、无意义的随机事件,还是我们随时可看到的那种宇宙所呈现的完美的秩序与意义?

我们这里所说的是一个神奇实验的基础。实验的核心是一个简单的问题:是应该在脑中编造另一个现实并用它来对抗真正的现实,还是放下自我,投身到那创造完美宇宙的现实力量中去?这个实验并非退出生活,而是纵身一跃进入生活,并且从此找到一个地方,在这里我们不再被自己的恐惧和欲望所支配。对于这个实验,我想不出比"臣服实验"更好的名字。我用尽全力，花了生命中 40 年时间来看生命事件的自然潮水会将我引向何方。在这四十载时光中发生的事是惊人的，我的生活非但没有崩溃，反而向相反的方向发展。正如很多事情会接踵而来，生命事件的潮水让我进入了一个不可思议的旅程。写这本书的目的就是想与你分享那个旅程，让你体验在一个敢于放手并信任生命的流动力量的人身上发生的事。

然而应该清楚指出的是，这种臣服并不意味着过一种没有意志的生活。这个故事是关于我这 40 年以来意志由当下的生命而非我的主观想法所主宰时发生的事。我的经验是，将个人意志与我们身边的自然力量结合，会得到出人意料的强大结果。

分享这次伟大实验结果的唯一有效方式，就是让你看到我是如何进入这种生活方式的，然后让你也如我一样去体验这一历程。你将看到一系列和你自己的经历很不一样的生命历程。我分享这些，是因为我们人类有互相学习的超凡本领。你不用像我一样生活，也能被我的经历影响。那些在我眼前展开的不可预料的事件不但改变了我的生活，还改变了我对生活的看法，也让我获得了内心的平静。希望关于臣服实验的分享能激励你找到一种更平静、更和谐的方式去生活，并且更好地欣赏我们周围那些神奇的完美。

第 1 章

不是咆哮，是低语

— * —

我名叫迈克·亚伦·辛格。自从我开始记事，大家都叫我米基。我生于 1947 年 5 月 6 日。我的生活可以说是平淡无奇，直到 1970 年冬天的时候发生了一些重要的事，完全改变了我人生的方向。

改变人生的事件常常是戏剧性的，而且从本质上说具有破坏性。你整个人在身体、情绪、精神上本来是朝着某个方向走的；那个方向包含着你过去的积累和未来的梦想。然而忽然之间，一场大地震、一次严重的疾病或一个偶然让你身不由己。如果这次事件足以改变你的心意，那你的余生也会由此改写。严格说来，在那次事件之后，你已经变成了另一个人。你的兴趣和目标都变了，连你整个人生的根本目标都已改变。那种事件通常影响巨大。你会扭头绝尘而去。

然而事情并不都是这样。

1970 年冬季，我身上并未发生那种事。一切如此微妙而模糊，整个事情本很可能就从我眼皮之下溜过去，完全没人注意。使我的整个生活陷入彻底混乱和改变的，不是咆哮，而是低语。那个改变命运的时刻距今已有 40 年，但一切仿佛就发生在昨天。

当时我还在佛罗里达州的盖恩斯维尔市的家中，就坐在客厅沙发上。我 23 岁，已与雪莉结婚，她是个好心肠的姑娘。我们都是佛罗里达大学的学生，我正在修经济专业的研究生课程。我是一个聪明的学生，经济系的系主任也在培养我，想让我成为一名大学教授。雪莉有个哥哥叫罗尼，他是芝加哥一位非常成功的律师。虽然来自两个完全不同的世界，我们还是成了好朋友。他强大、执着于金钱，是大城市里的律师；而我却是具有 60 年代雅痞风格的大学知识分子。很有必要说一下我当时有多热爱分析。在大学的时候我从来不上哲学、心理学或宗教课程，我的选修课尽是符号逻辑、高等微积分、理论统计学之类。这种教育背景使我身上发生的一切更让人觉得神奇。

那时罗尼会不时到访，我们常常一起玩儿。事实就是，在 1970 年那宿命的一天，罗尼也和我一起坐在沙发上。我已记得我们当时具体在说什么，但我们的闲聊中止了一会儿。我注意到自己很不习惯这种安静，正在努力想接下来该说些什么。这种情况以前也时有发生，但这次的经历很不一样。这次除了不安和努力想找话题外，**我有意识地注意到了**这种状况。有生以来第一次，我不是思维和情绪的体验者，而是观察者。

我知道这很难用语言描述，但在我急切的心情和自我之间有一种完全的隔离感。我的思绪正在拼命寻找话题，而抽离于一边的我却清醒地知道自己正在干什么。这就好像我突然能够抽离自己的思维，然后静静看着想法被创造出来。信不信由你，这种意识上立场的微妙转变成了调整我整个人生的龙卷风。

有那么一阵儿，内心的自我就在那儿看着自己试图"解决"那尴尬的沉默。但真正的我并非那个试图解决问题的自己；真实的自我在安静地观察我试图解决问题的思维。在我和我所见之间起初只隔着一点距离，但这个距离每一秒都在增加。这个变化并非因我而产生。我的存在只是为了注意到我意识中的**自己**不再包括那些在眼前掠过的神经兮兮的思考方式。

事实上，这整个意识过程是在瞬间产生的。就好像你盯着一张海报，而上面还有隐藏的图像。开始它看起来只是线条形成的圆圈，然后你突然发现，在那起初的混沌中出现了一个3D图案。一旦看到这个图案，你就想不明白为什么之前看不出来，因为它太明显了！而这就是我内心的变化。太明显了——我在那儿看着自己的思维和情绪。我一直都在看着但从未有意识地去注意。似乎我太过关注细节，而从来没有想到那就是想法和情绪。

电光火石之间，那些关于如何打破沉默的解决办法变得不再重要，它们不过是回响在我脑海里的神经质的声音。我在一旁听着那些声音试图传递的信息：

天气太好了，对吧？
那天你有听说尼克松都干吗了吗？
想吃点什么吗？

当我终于开口，说的是："你有注意到在你脑袋里说话的那个声音吗？"

罗尼奇怪地看着我，然后有什么东西在他眼中点亮。他说："对，我明白你想说什么——我脑袋里那个声音就没安静过！"我清楚地记得，当时我还开玩笑地问他，如果他听到别人内心的声音会怎么样。我们都笑了，而生活还在继续。

但不是**我的**生活。我的生活并未简单地"继续"。我的生活中的一切都变得不同。我并不用保持这种意识，它就是我的一部分。我看着思绪不停地从脑海中流过，这就是我的存在。我从同一个思维立场看着瞬息万变的情绪从心中淌过。洗澡时，当我应该清洗身体时，我去听那个声音怎么说；当我谈话时，我看着那个声音，让它决定接着怎么说，而不是看别人怎么说。上课的时候，我仍然看着那个声音，它总会玩一个游戏，那就是在教授讲出下一句前试图猜出他会说什么。不用说，这个脑海里的声音很快就让我心烦。那就如同看电影时，你旁边坐了个人，一直讲个不停。

在我观察那个声音时，内心深处某个东西总想要它闭嘴。没有这声音又如何呢？我开始渴望安静。距离第一次经历没过几天，我的生活模式开始改变。当朋友来我家时，我不再觉得好玩，因为社交活动不能帮助我的思维安静下来。我不再参加那些社交活动，我开始去家附近的树林。我会坐在林中的地上，告诫那个声音闭嘴。这当然没用。完全没用。我发现我可以让这声音改变话题，却不能让它停止，哪怕一会儿也不行。内心的宁静变成了我最渴望的东西。我已经知道了倾听那声音是什么感觉，但我还不知道如果那声音停止会是什么情形。而对于即将开始的改变命运的旅程，我仍一无所知。

第2章
认识自己

— * —

自少年时代起，我就很爱研究事情的运作模式，因此我这热爱分析的头脑不可避免地试图找出脑海中的东西与自我之间的关系，并开始对此着迷。然而在我能真正享受这种智力的愉悦之前，必须克服一个事实，那就是头脑中的东西正在让我发疯。无论我看到什么，那声音都会评论："我喜欢这个……""我不喜欢那个……""这个让我不太舒服……""这让我想起了……"当我越来越习惯这一切时，我自然地开始思考一些问题。首先，为什么这个声音老是在这儿？如果我看见一个东西，那我当然知道自己正在看着它。为什么这个声音非得告诉我，我看见它了以及我感觉如何呢？

玛丽过来了。我今天不太想见她，希望她也没看见我。

我知我所见，知我所感，毕竟我才是所见所感的主体。这声音为什么非得从我脑袋里发出来呢？

另一个问题也冒了出来：那个一直注意到所有这些想法的人是谁？那个以超脱的态度旁观这一切的我究竟是谁？

关于我脑海里的声音，现在有两股力量在我体内苏醒。一股力量想让它闭嘴；另一股力量则对此着迷，渴望了解这个声音究竟是什么，来自何处。

前面我提过，在内心觉醒之前，我的生活相当普通，那是较我后来的生活而言。我变成了一个充满动力的人，想了解我发现的这个声音，也想知道在这儿体验这一切的那个我究竟是谁。我开始整天泡在研究生院图书馆里，看的却是心理学而非经济学的书。内心的声音无处不在，人们不可能不注意，我相信在我之前一定也有人已经注意到了。我翻遍弗洛伊德的书试图寻找答案，然而读完一本又一本也没找到任何书提及这声音，更没有关于知道这声音的意义的人的信息。

在那段日子里我逮谁都说这事，他们都觉得我疯了。我还记得那次与一个很文雅但冷淡的西班牙语教授的事。我和他在课间相遇，于是我很兴奋地告诉他，我现在知道能够流利地使用一种语言是怎么一回事了。我说人的大脑里有个声音一直会对你说话，什么都说——你喜欢什么讨厌什么、你此刻应该干吗、你做错了什么。如果那个声音能够讲西班牙语而你又立刻能懂，那你的西班牙语就一定很流利了。但如果你在听懂之前得在脑海里把这个声音翻译成英语的话，那就说明你的西班牙语不够好。对于我来说，这完全讲得通。我对他说，如果我的专业是语言的话，我会以这作为博士论文的基础。不用说，教授用奇怪的眼神看了看我，很礼貌地说了句什么，然后就走开了。

我并不在意他的想法。我在探索,在一个我前所未知的旅程里学习。我每天都会更了解自己。我不敢相信那声音表达出了那么多的害羞与恐惧。我望着的那个自己非常在意别人尤其是身边的人怎么看他,是的,这再明显不过:这声音总告诫我什么该说,什么不该说。一旦事情不是像它想要的那样时,它就会喋喋不休地抱怨。只要我和朋友在谈话中有一点点意见不合,这个对话就会在脑海里不停持续下去,而我则会在一旁满怀希望地想象如何才能皆大欢喜地结束那次对话。通过那些脑海里的对话,我能发现表露于其中的对被拒绝的恐惧。那种感觉有时很强烈,但我一直以观察的视角来看待内心那个声音。那个声音很明显并非我本人,它只是我看到的东西。

试想你某天睁眼醒来,发现自己被一种刺耳的杂音包围,你想让它停下来却又不知该如何做。这就是这个声音对我的影响。唯一清楚的事实就是这声音其实一直都在那儿,但我长期以来迷失其中,以至于都没注意到它并非我的一部分。这就像鱼要离开了水才会知道它是在水中生活,只要跃出水面,鱼马上就会意识到:"哦,我原来是待在水中的呀,现在我知道外面还有一个世界了。"

我讨厌脑袋里这个烦人的噪音,我真的很想让它停止,但它并没有停。目前为止我都没法摆脱它,然而后来我发现,这不过是因为我还没真正开始战斗。

第 3 章
禅之柱

— * —

几个月过去了，我仍独自挣扎在这内心探索中，完全不知道帮助会不期而至。

博士班里有个同学叫马克·瓦尔德曼。他很聪明，热爱阅读各类书籍。和其他人一样，他也听我讲过我对于声音的兴趣。一天他为我带了一本他认为可能对我有用的书。这本书叫《禅之三柱》，作者是菲利普·卡普乐。

对于禅宗佛教我一无所知。我是那种对宗教不屑一顾的知识分子。我有犹太式的成长经历，但并非典型犹太人，自上大学以来宗教就退出了我的生活。但如果你要问我是不是无神论者，我可能只会茫然看着你，因为我从来不曾想过这种问题。

只看了几分钟，我就发现这本关于禅的书和那个声音有关。我的心脏几乎停止跳动，呼吸也开始困难。很明显这本书就是关于如何让那个声音停止的，一段又一段，都是关于如何让头脑安静的，书里用了"思维后面**真实的自我**"这样的词语。毫无疑问，我找到了自己一直以来想要寻找的东西。我就知道一定还有别的人也在倾听这脑海里的声音，并不认为那就是自我的一部分。这本书不但向我展现了千百年以来人们对于这种声音早有认识，而且清楚地讨论了"如何解脱"。它谈到了将自己从思维的牢笼中解放出来，还谈到了**升华到更高境界**。

不用说，我满怀敬畏。我对这本书有一种前所未有的崇敬。在学校里我曾被迫阅读大量书籍，而如今手中的这本书为我解答了真正的问题，比如听着那声音的我究竟是谁。那是一些我满怀热情，一直想找出答案的问题。不仅如此，我**需要**知道答案——那声音简直让我发疯。

《禅之三柱》要表达的东西非常清晰。它说要停止阅读、谈话和专注自己所想，而是仅仅做必要的事让头脑安静下来。需要做的事也很明确，那就是冥想。

在我还不知道冥想为何物之前，我曾经试图通过独处来让那个声音停止，但那不管用，而这本书则向我展示了已经由上千人亲自尝试验证的方法。很简单，你只需要在一个安静之处坐下，感受自己的呼吸，在心中默念"无"。这样坚持下去，每天冥想的时间一点点增加。在禅宗里，实际的工作都是通过一种叫作**集会**的群体形式来完成的。在传统情况下，一个训练有素的人会拿着香板走来走去，如果你快睡着了或者精力涣散，肩膀上就会挨一下。禅宗是严格的，决不允许胡来。禅是严肃的事。

我身边并没有团体和老师。我所有的只有这本书以及非常诚挚的向往。我想知道这些练习是否真的能将我送到我想去的地方。因此我开始自己练习冥想，至少是我理解的冥想。最开始的时候，我每天坐 15 至 20 分钟。一周之内我进步到了一天两次，每次半小时。那其中并没有什么火花或深刻的经历，但全身心集中于呼吸和念诵，确实让我把意识从那无休止的声音上转开了。如果我让那个声音说"无"，那它就没办法再说它常说的那些关于我自己的疯话。我很快喜欢上了冥想，每天都盼着我为自己留出的冥想时间快些到来。

开始练习冥想几周后，雪莉和我决定展开一场露营之旅。还有四个朋友也加入了进来，我们开着货车去奥卡拉国家森林度周末。我有一辆大众露营车，这为周末旅行带来不少方便。然而这并不是一场简单的露营旅行，这次旅行注定会对我的余生产生深远影响。

我们在森林里找了一个僻静的地方，此处通向一片原始的湿地。车一开进来，我们就被这安静美丽的地方震撼了。我立刻意识到这是一个冥想的好地方。我是新手，但对这事很认真。我想练习冥想，想知道脑中的声音停止后一切会是怎样。我问雪莉以及朋友们我是否可以独处一阵儿。大家都没反对。因此我沿着湖边的草地漫步，找了一个不错的地方坐了下来。冥想这个想法对我很有意义，从开始它就像一个神圣的经历。我坐在树下，像佛一样。然后，突然之间，我告诉自己，**我要一直坐在这里直到觉悟**。

那日在树下发生之事如此令人震撼，以至于现在回想起来我仍会浑身颤抖，眼泪直流。

　　　　　　　　　　　　　　　　　臣服实验

第4章
绝对沉默

— * —

我交叉双腿,莲花打坐。我心知自己并不擅长这个,但仍然以正式的冥想姿势开始。我打直背和脖子,把注意力集中在呼吸的延伸和腹部的收缩上。那本禅书建议我从腹部深处、肚脐眼以下发出"无"的声音,我感受着呼吸从那里进出。

我打算比以往打坐更长时间,因此我用意志来集中更多的强度与诚意。这一定是起了作用,因为我的冥想比往常更深入。通过将注意力集中在腹部的呼吸运动上,似乎产生了一股力量,这力量将我来自鼻腔的呼吸与腹部的内部运动联系在了一起。每当我通过鼻腔慢慢呼气,都会体会到腹部以下一种温暖诱人的感觉。这种感觉如此舒服,我的注意力自然就集中在那儿了。有一段时间,我简直沉浸在了这体验之美当中。

不知道过了多久,脑中那个声音开始议论这经历有多美,还说这一定就是真正的冥想。我的意识一旦被脑中那个声音吸引,似乎就不再集中在呼吸上了。冥想的历程似乎已经到了尽头,我开始回到平常的思维状态。

但这次冥想应该是不同的。我已经告诉自己过不了这一关就不能起身，因此我执意将精力再次集中在腹部的呼吸运动以及"无"的发声上。那股温暖流动的力量将我的呼气与腹内的温暖连接了起来，我再度沉浸其中。我越集中精力，这力量就越强大，最后所有的意识和周围的一切都消失了。我唯一感受到的是那股毫不费力的温暖力量，它在我的腹部中央产生并扩张。我已消失，只余那流动的力量。

一次又一次，我的自我意识会短暂地漂回中心。一旦发生这种情形，我就会有意地去关注呼气的感觉和腹部的运动，这样自我意识又会立即消失。我就这样在意识深处进进出出。这种状态持续了很久，可能有好几个小时。

在某一刻，当自我意识再度出现时，我一定已经失去了再度集中的意志。我曾经去到宁静深远之地，但又开始往回走。我不知道自己到底坐了多久，但我意识到的第一件事是双腿的疼痛，那是由长时间的莲花打坐造成的。此时脑海里的声音尚未出现，我就在那里，茫然但平静，深深地沉浸于那个经历之中。我本以为自己会一直沉浸在这无为的茫然之中，但神奇的事发生了。一个响亮的声音从自我意识所在之处的后面发出，它严厉地说："你到底想不想知道自己的**极限？**"

这个声音与之前那个不同，自从我第一次注意到这个说话声，它就总是来我的前方或下方，而现在这个新的声音却来自自我意识的上方和后方。总之，这个严厉的挑战算是把我彻头彻尾地震住了。

我觉得没有必要回答这个问题,因为我全身心都渴望能继续冥想。因此我吸了一口气,然后又呼了出去,自我意识再次离开。

当自我意识凝聚时,我感觉到了一种完全不同的体验。我感觉腿疼,但这种疼痛自有一种温暖和美,而双腿则似乎离我很远。当我再度有了身体的意识时,我试图将头向前伸了一点。但我的前额似乎抵着一堵墙,整个人动弹不得。我面前似乎有什么东西阻止着头部的动作,哪怕只是往前一点也不行。我立刻意识到自己高度集中的意念形成了一股明确的力量,这力量从前额出发然后又绕回到意念集中的下腹部。我知道这样讲很奇怪,但我感觉这力量就像一个强大的磁场,让我根本无从抗拒。

这还并非我当时感受到的唯一强大力量。彼时的我将双手放在交叉的腿上一直呈莲花打坐状,手、臂、肩形成了一个闭环,这个闭环又形成了另一个力场。我的身体动弹不得,我被一种只能形容为垂直能量流的东西锁住了。每当我呼气,这能量流就会变得更加强烈而具体。这整个体验如此迷人以至于我周围的世界荡然无存。我唯一能意识到的是自己已完全被这些能量流控制。这时我又听到了那个声音:**"你到底想不想知道自己的极限?"**

我立即深吸一口气,然后非常小心地将它从鼻腔排出。这股向外推挤磁力场的气息似乎形成了一股往上的拉力,这力量往上往内推,使我陷得更深,失去了所有自我意识。又一个呼吸之后,自我完全消失。

你自然想知道我去了哪里,但我回答不了这个问题。我只知道每一次归来我都会比上一次离开时更加振奋,而当我下一次从那无名之处回归时，一切又会变得更加不一样。我对于回归没有半点抵触，也没有要紧抓振奋状态的渴望。唯有平静，深深的平静。这里有一种绝对的寂静，什么都不能将它打破。它如此平静，似乎这里从未有过声响，如同在外太空，没有大气层，当然就不会有声音。声音要靠媒介才能传播，而我的回归之地并无媒介，我完全是在体验寂静之音。

最重要的是这里并无人声。我甚至都不记得人声会在这神圣之地发出怎样的声响。声音消失了，一切都消失了，只剩关于存在的意识。除了存在，我别无其他。这一次不再有严厉的指示让我往前走，回归的时刻到了。

当对周围世界的意识开始恢复时，我注意到的第一件事是我早前体会到的外部能量流转而向内了。此刻我感到一股美丽的能量流自脊柱流向前额。这是一种全新的体验，我所有的意识都被吸引到那一点。同时我腿上的剧痛还在，但那已不是问题，那只是关于疼痛的安静体验。我既没抱怨，脑袋里也没蹦出该怎么办的对话。那只是纯粹的意识，与意识的内容相处自若。

我设法大幅度移动双臂，这样我的双腿才从莲花坐姿中解放出来。双腿死一般沉重，我只得侧躺了一会儿等它们苏醒过来。躺着的感觉平和又舒服。终于，我睁开双眼。在眼睛的闭合之间，我看到了前所未见甚至连做梦亦未想过的景象：湿地在我眼前如日本宣纸画般展开，它洋溢着高贵与沉静。高秆草在微风中摇摆，但摆动之间又有一种静谧。一切都如此宁静，树是静的，云是静的，水也是静的。大自然的运转中有种绝对的安静。我的身体也是安静的，脑袋里没有一丝想法。我完全可以永远在这里躺下去，与围绕我意识的宁静融为一体。

当我最终起身时，我对自己身体的活动感到陌生。我从不是动作优美的人，绝对不是那种擅长舞蹈的类型，但此时我身体的每一个动作都像芭蕾舞，连手臂的移动也变得优雅。当行走时，我真正注意到了与以往的不同。每走一步，我都能感到足部肌肉的每个微小动作。我从一步滑向另一步，每一个动作都让我陶醉。

不可思议的是，这种状态持续了几周。我那天回到朋友们中时，这种状态并未改变。我觉得没有必要去解释或形容刚才两三个小时内发生的事，我几乎还没法说话。一切都如此美丽而安宁，那是寂静，绝对的寂静，即使外部的声响也不能扰乱它。声音就在外面，但它们仿佛离我内心静坐之处如此遥远。这浑厚的平静化为一条护城河，将所有的一切与我升华的状态隔离开来。

第5章

自绝对平静到绝对混乱

— * —

周末旅行后我和雪莉回家了,但对于以前的生活我已失去兴趣。在这段短短的时间里我已改变。我的内心已经转变成一种完全明晰的状态。在那最初的日子里,无论是恐惧还是欲望都不能影响我,任何想法在抵达我的意识之前都会消失不见。我能记得的全部就是那时候感受到的强烈而不可撼动的、不可阻挠的、一心一意的愿望——**我再也不要脱离这种状态。无论怎样我都不会允许任何东西把我从这个地方带走。**无须脑海中的声音告诉我,我也本能地知道这一切。我不再是米基·辛格,我已成为那个永不会背叛这份宁静的人,也不会允许这超然的寂静被任何东西破坏。

我如一个要从头学习一切的孩童,我必须学习以一种与这宁静一致的方式吃饭。我过去抽大麻,现在完全戒了。我的身心如水晶般透明,我不想让它受到一点玷污。我必须学习在专注于宁静的同时去上课以及考试。我当时还在拿着全奖读博。我必须学会在不打扰这宁静的前提下使用我的智力。我爱这片宁静比爱生活本身更多。

　　接下来的几周我感觉自己重生了。我发现自己渴望回到那种超越的状态。事实上每次当我坐下冥想，我都会回到一个升华的状态。我内心的一层薄幕被拉开，因此我可以完全自在地往回穿过它。我开始在清晨3点醒来，就为了能延长冥想的时间。每天一有机会我就会随时随地坐下来冥想。我生命中只有一小部分是关于外部自我的存在，我真正在意的是学习保留内心深处的平静，让外在生活流逝而不打扰我的宁静。

　　然而我很快就没有那么超脱了。两三周之后，之前内心完美的平静开始有了裂缝。这些裂缝使得脑海里的那个声音再度潜回了我宁静的庇护所。是我自己拼命让它回来的，确实是。这种挣扎与内心的寂静格格不入，但我也束手无策，只能坐在一边无望地看着扰攘的内心世界入侵我的梦中之地。直到一段时间后，我才知道自己可以脱离外在的存在去保留内心的平静。

　　虽然我内心深处的平静已经开始消退，但我再也不能完全回到之前的状态。即使当我的思维和情绪开始恢复，我也比以前落后得多。另一个主要变化是现在有一股持续的能量流从我内心升起，直达眉心。它形成了一股压力的漩涡，迫使我注意到这个点。比如说，当我看着某物时，我感觉自己的目光来自眉毛而非眼球。这并没有影响我的视力，它只会让我更加接近冥想状态。而我留意到聚焦能量流这事并非我主动发出的动作，那只是一件自动发生的事。我刚刚才明白，之前并不存在这种能量流，而现在它就待在这里了。

　　这股将我的注意力引向眉间的力量对于我来说亦师亦友。如今当我大脑中的声音有话要说时,我有了一个选择——注意那个声音,或者专注于能量的内部流动。我终于明白,如果自己不想听大脑里那些繁杂的声音,只需要稍微专注于涌向眉间的能量流。这样那些想法就会马上消失,不再打扰我。对于我来说,让那些想法消失变成了一种游戏,整个生命变成了比以往更加轻松的体验。我的情绪有时仍然会失控,但它不再会对我整个人都造成影响。我被赋予了这种内在的能量流,它能帮我解决自身的问题。更重要的是,如今我知道脱离自我是什么样子。我的意图十分坚决:无论要多久,花什么代价,我都要找到重回极限的路。

然而很快,外部的变化开始挑战我正经历的内在变化。那变化由雪莉开始。一天她对我说她想开始新的生活了,这的确让我非常震惊。虽然我们结婚才一年半,但好几年来她就是我个人生活的基础。我徒劳地试图挽留她,但在某个时刻我意识到了之前从没想到的事:我个人性格和智力的力量从没给过她喘息的空间,如果我真的爱她,就必须放手。那时我正好有个朋友外出,需要人帮他守房子,于是我搬进他家,开始了治愈内心的历程。

外部生活的突然变化对于我的内心世界影响深远。我本来就已沉迷于规律的冥想,探索心灵深处的平静已经成了我生活的目的。而我现在又有了另一个很好的灵感来源:我面对的是一个痛苦无比的人。每时每刻我都在心痛,意识也已完全凌乱,就如同自我认识的基础已被移除,我在不停下坠。我不知怎样才能重整旗鼓,甚至都不想这样做。

如果我在冥想中深入集中意识的话,所有的混乱就会消失不见,

臣服实验

只余宁静与平和。这种宁静并不如从前那么浓厚，但它为我提供了一个休息之处。当我停止冥想，混乱与痛苦就会再度袭来。这样我日常的感受不是天堂就是地狱，不再有中间地带。我"平常"的存在方式消失了。刹那之间我不再是从前的我。

我冥想的时间越来越长，它不只是逃避痛苦的方式，还予我的生命以意义。我一心想要长久地走向未知，生命中的变故正帮助我摆脱自己身上阻止我前进的那一部分。那个通过脑海里的声音表达自我的个性也不如以往坚定了。他也不知哪条路才正确，那些外在的变故使他变得谦卑。他本以为自己什么都知道，现在他知道自己错了。在崩溃的时候，他更能释放自己。

在那个自我成长的阶段，我密切关注着自我认识重新定义自己的企图。我开始把自己看作一个找寻深层次真理的冥想者，而非有固定职业发展道路的已婚男人。但即使从一开始，我也不想从对自己的看法中来重获力量。每当我注意到自己的思维开始想要拼凑一个新的"我"时，都会努力打消这个念头。这很痛苦，但如果这样能让我自由地探索未知的话，那我愿意放手。

朋友回家了，因此我搬了出去。我不在乎住哪儿，只需要独处。我的生活很简单。我冥想、练瑜伽，按时去上学。除了课本、衣物和一辆大众露营车外，我什么都没有。我过去常常绕着盖恩斯维尔在乡间长时间地开车，我曾发现在紧挨邻镇的树林里有一个美丽的地方，那里有个被遗弃的石灰池。这个池子里的水呈蓝色、水晶般透明，池子周围是大片的松树和矮橡树。我把车开到那里住了下来。

我变得越来越像个隐士。我并不是要逃离什么，我是在奔回自我。我的意图一直都很清楚：我想深入地回归自我。我的问题是不知道应该怎样面对自己，也就是"米基"。他的存在阻碍了我去到真正想去的地方。如果不解决这个问题，我的关注点就会被拖入他个人的闹剧，而那与我的目标背道而驰。"米基"是往下往外的，而我则想向内向上。我当时认定了一件事：他是问题所在，必须让他离开。我非常想让他消失，但不知从何入手。

第6章

边界以南

— ∗ —

1971 年的夏季越来越近，很快我就不用去上课了。当时我在研究生院二年级，虽然出勤率不高，成绩还是很好的。我学习认真，期末考试和论文成绩都不错。不做他想，对于暑假，我的计划就是冥想和瑜伽，但问题是我应该去哪儿实施这个计划呢？

可能是有生第一次，我意识到在那些发生在我身上的事里面贯穿着一个清晰而反复的主题。有一天，一个同学突然问我去没去过墨西哥，他说那个地方很值得去。那之后不久，我在书店里被别人扔在地板上的一本书绊了一下，那是一本关于墨西哥旅行的书。这让我觉得也许我确实应该离开一阵儿，墨西哥或许是个好主意。最终促使我做决定的，是当我去加油站加油时，用的那个油泵上有一张别人留下的墨西哥地图。迹象已经够多了，我决定出发去墨西哥。

墨西哥相当大，我并不知道要去哪里。但在我心目中，这也不影响什么。我决定直接上路再说。我的家人和朋友对于我毫无计划地独闯墨西哥这一举动不以为然，大家都警告我小心强盗以及要避开陌生人。我会说一点点蹩脚的西班牙语,虽然这反而有可能会招来麻烦。就这样,我单枪匹马地出发了。

我经过墨西哥湾沿岸各州,穿过得克萨斯。开车的时候我会把精力集中在呼吸上,并且在腹部发出"无"的声音。我最不想听到的就是自己头脑中的杂音。每到晚上我就会在树林中找个地方停车,然后冥想,进入睡眠。我以这种速度开了几天车,到了墨西哥中北部,然后住了下来。

一天晚上在墨西哥的乡下,我找不到树林停车,但也不愿意就把车停在路边,一时不知如何是好。最终我离开主路,把车开到了一个平缓的山坡上。从这片草地的高处可以看到壮丽的景色,目及之处没有栏杆也没有房屋。我就在那里过了一夜。

第二天清晨的景色美得令人窒息。旷野上浮着一层薄雾,我能看到日出中的每一种颜色。一切都如此之美,我就在车外练起了冥想和瑜伽。我进入了深境。我所寻求的宁静产生的回响克服了我的存在。我在那个长满青草的山坡上停留了数周,其间一次也未离开过。我每天都会延长冥想和瑜伽的时间。我的思绪渐渐安静下来,心也再度开始呼吸。

一天早上,我被露营车门上的敲门声吓了一跳。我很害怕。是强盗找上门来了吗?还是这片土地的所有者要拿枪对着我?我打开门,只见一个大约八岁的小男孩,手里拿着一个容器站在那儿。

"这牛奶是我妈妈给山上的美国人的(*Esta leche es de mi mama para el Americano en la colina*)。"

我好不容易听懂了。我非常感动,不停道谢。我像之前一样把什么事情都往坏处想，但在这墨西哥中部的荒凉之地，我却被如此善待。

　　我慢慢认识到，生命并不像我头脑里的那个声音企图让我相信的那么脆弱。人生还要有许多经历，但首先你得愿意去体验。最重要的是，我有生以来第一次将生命中展开的事件归功于生命本身。毕竟我一开始并没有计划在这个完美之地停车并且冥想独处好几周，更不要说会有那个小男孩的友善到访了。生活给了我这些，我只是顺其自然。我开始把所有这些看作生命的馈赠。

第7章

切断恐惧按钮

— ✳ —

目前为止我在墨西哥都过得挺愉快,但回家的时候到了。那日,我一路向北,晚上在一条泥泞小道旁发现了一片小小的湖,我决定就在那里过夜。这个地方非常宁静,晨练之后我仍待在那儿欣赏湖景。很快又到了下午该冥想的时间了,我爬上一座山,找了个隐蔽的地方,开始练瑜伽。

练了一半,我听见远处有什么声音。我开始觉得不舒服,但我不想被内心那个胆小的人掌控。我进一步放松在自己的瑜伽姿势中,那种焦虑消失了。

另一种声响又把我吓了一跳,那声音听起来比刚才的声音近得多,像马在喘气。我确信有强盗来了。很快我感到马和那个声音近在咫尺,当时我并不感觉放松。害怕、脆弱、极端不自在,这些词语能更好地形容我的状态。

我身上的每一个细胞都想立即停止瑜伽动作,好睁眼看看自己面对的危险。但我这段时间以来练成的核心自控力不允许我这样做,它要把我内心那个恐惧的人赶走。在我的恐惧之下出现了钢铁一样强硬的指令,我决不能放走这个能超越我内心所有不安的机会。我以反抗的姿态紧闭双眼,深吸了一口气。在这戏剧性的时刻,我需要一种放松的状态。

当我完成日常的瑜伽练习后,我会照例再冥想半个小时。我听到那个声音恳请省略这一步,毕竟那些马并没有离开,我可以清楚地听见它们就在我面前呼吸,其间还间或夹杂着骑马人的低语。没有什么好迟疑的了,我清楚地看见心中那个惊恐的自己正阻止我往想去的地方迈进。我必须除掉他。我深吸一口气,摆好了莲花姿势。我从腹部发出"无"的声音,徒劳地希望能够以此淹没另一个声音。对于我来说,这如同一个承诺:你更在意内心还是外部世界?

最终当我睁开双眼时,我看到眼前有两匹马。它们就在离我不到 10 英尺的地方,而马背上的人看起来是农场工人,而非强盗。他们都在吸烟,其中一个人横坐在马鞍上,面对着同伴。他们发觉我停止了冥想,于是开始用西班牙语对我说话。我居然能听懂他们说的大部分内容,这让我很惊讶。他们在对我说话,这本身对于我来说也是一件好事。我终于放心了,而接下来要发生的一系列事情将在我心里留下难以磨灭的印象,它让我不要再把生命控制权交给那个充满恐惧的自我。

说着说着,农场工人们问我是不是湖边露营车的主人。我脑中的一个声音立刻告诉我这不是什么好事,因为他们有可能要抢劫我。但我并没理会那个声音,相反,当其中一个工人提出载我回露营车时,我欣然同意了。我在城里长大,对于我来说,穿着泳装和一个墨西哥的陌生人一道骑在马背上不是一件寻常的事。当我们下山时，我全身都很平静。这是一次美好的经历，如果我顺从了内心的恐惧，就会错过这一切。

来到露营车前时，这个牛仔告诉我，他和别的牛仔一起在这块地上为一个有钱的地主干活。他说他们很穷，而地主不允许他们在湖里钓鱼。他给我指了去他们住处的路，并邀请我明天离开前去坐一坐。告别时，我们已经像是多年的朋友一样。他们调转马头，飞驰而去。

对于当时经历的一切，我感觉坦然。虽然当时我的内心正在经历巨大变动，但仍记得在当晚感谢了生活给予的独特一天。我内心的疼痛与混乱慢慢退去，而对于绝对的平和与安宁的渴望却开始在心中如火焰般燃烧。

第二天早上，我在晨练后整装准备继续向北而行。离开之前我决定开车到泥道，看看能否找到农场工人们的住地。我到了一片有15 到 20 个土坯小屋的地方，这些小屋都是稻草房顶。这种房子我只在书上读到过，从未亲眼见过。就在我踌躇不前时，昨天新朋友中的一个跑了出来向我打招呼。

我停好车，跟着这个兴奋的牛仔。他不停地把我这个从美国来的新朋友介绍给村民。看到眼前原始的景象，我惊呆了。小屋内是泥地，方形的空缺是窗户和门，除此之外并没有真正的门窗，什么都没有。大家都盯着我看，似乎他们以前从没见过美国人，我很快发现他们确实从来没见过。和他们在一起的那几个小时，我头脑中烦人的声音不见了。这一切对于我来说如此新奇、自然，又实在。我坐在一个小屋里，一旁的女人们正在给婴儿喂奶。我以前可没有见过。我发现自己为美国的文化感到羞耻，它严重扭曲了自然，以至于本来自然的东西反而变得不自然了。

一走出小屋，我们又开始在村子里到处看。当我们往朋友的小屋走时，他问我会不会骑马。我告诉他我曾经骑过，但那是好几年前的事情了。而我故意没说的是上一次骑马是在夏令营，那时我才 12 岁，用的是英式马鞍。接下来的事让我措手不及。他把缰绳递给我，指了指前面的旷野。此时此地不允许我胆小，我踏上马镫，一跃上马，仿佛胸有成竹的样子。我一直认为在旷野上骑马驰骋是一件疯狂的事，而这个梦想就要在这完全陌生的墨西哥中部实现了。当村民们聚过来看时，我已经适应了这匹马。我像风一样掠过这片大地。我展翅高飞，与之前那个严格遵守禅宗的我相比，此刻的我异常愉悦。

接下来几个小时，我和几个好奇的村民们讨论了美国的生活，然后我就告辞了。大家都留我吃晚餐，但我练习瑜伽和冥想的时间到了。我记起我的新朋友说过他们很缺吃的，而且还不能钓鱼，于是我从露营车后座下搬出大袋糙米和干豆交给了做饭的女人们。她们非常感激，这简直让我想哭。这些东西对于我来说不算什么，对于他们却非常重要。这也是生命教给我的难忘一课：助人之乐。

我走之前，大家都围在车边与我告别。在这之前大概有一个月的时间，我都独自生活在寂静与孤独之中，而现在我却像一个名人一样。这一切都是如何发生的呢？对于我来说，这毫不奇怪：我释放了自我，然后就有一些特别的东西出现了。我愿意面对孤独与恐惧，而不是慌忙寻找慰藉。然而一些事自然就发生了，我什么都没做，甚至都没想过。伟大实验的种子正在被埋下。是否有一种可能，那就是生命所能给予的比我们自己能争取到的更多？

第8章
意外灵感

— * —

通过在墨西哥的经历，我成长了许多。对于我来说，顺其自然地拥抱生活是全新的体验，而这样做令我很自在。回到盖恩斯维尔时，我的心情更加平静了。但问题是我还是没有地方住。我离开前住在镇上东边石灰池旁的树林里，于是我还是回到了那个地方，住在露营车里。我只需要独处、深入修行的自律以及一点果腹之物。

我越来越觉得自己很难拿到博士学位，虽然只差几门课还需要修，但还有考试要过以及毕业论文需要完成。那时的我已经对成为经济学教授毫无兴趣。我只想探索内在，深深地探索。我只在乎冥想的深度。

经济系的主席高夫曼博士像父亲一样关怀我，我非常敬重、爱戴他。他鼓励我完成学业，拿到学位。他认为我只是在经历一个青春时代的特殊时期，而这很快就会过去。他保住了我的奖学金，鞭策我至少要修完课程。为了表现出对他的尊重，我会定期开车去上课，虽然并不频繁。

我后来懂得了，生活中的一切都会教给你一些东西，它们能促进你的成长，但我当时还不懂这些。对于那时的我来说，冥想就是一切，别的都在其次。我完全还没认识到学业也是冥想的一部分，但有一门课程给我带来了很多启发。

那门课的教授是位德高望重的非自由派经济学家。我上课的时候就穿牛仔裤，也不穿鞋，还逃了很多课，我觉得他不会喜欢我。一天，他问我想不想得高分。他说我的考试成绩不错，但缺席和课堂表现不足以让我有个好看的分数。我知道我们要写期末论文，因此我对他说我会加倍努力把论文好好完成。我还说如果他能以我的考试成绩和论文来得出分数的话，我会非常感激他。教授说他可以考虑。

开始写期末论文了，我知道自己的状态不适合去图书馆学习大量资料来完成一份出色的论文。我长时间地冥想，精神非常平静。我不太可能花好几天时间来思考论文，如果还要写的话，就得另辟蹊径。

一天晚上，我找了几个本子和几支笔。冥想之后我点燃煤油灯，端坐在露营车里的折叠桌前。我开始对自己说我一点都不在乎分数，因为我可能都不会完成学位。这个念头打消了我所有的精神负担。然后我告诉自己想到什么就写下来。我没有参考书，只有来自清晰的、无压力的头脑的自然逻辑。一落笔我就思如泉涌，我没去担心自己所写，对脑袋里的想法也没有任何疑问。这个过程很像冥想，自我被抛开，只余灵感流泻。

在这期间的某些时候，灵感如闪电般在我心底涌现。我从起初的毫无头绪变得把握十足，如同知识的云层突然汇聚在我安静的脑海，一切发生得迅猛如闪电。起初脑海里不存在任何想法，有的只是感觉，就如我对于这篇论文是什么样，应该怎么写很有把握，然后想法开始在脑海汇聚。想法来得很慢但很快喷薄而出，当然我还得把它们按逻辑顺序整理好，但点子都已在那儿了，这整个过程非常神奇。

我不停地写啊写，写了一摞又一摞。那是一篇逻辑清晰的文章，以假设开始，列出论点，最后以结论结束。在文中有的段落展现逻辑联系，有的列举我之前在课堂上读到或听到的事实。这些举例还需要润色加注，因此我留出足够的篇幅继续写自己想到的东西。我不停地写，不去担心或评判好坏。我只是写我所想，顺其自然。

艺术家创造作品时会先找到灵感，然后将其实现，而这也是那晚我一人在露营车中的经历。我先是有了整个论文的灵感，然后再消化它，让它成型。不同之处在于这不是雕塑、图画或乐曲，这是一篇经济论文。这论文的出处与艺术一样，但表达的媒介是逻辑思考，而非大理石或颜料。我完全不知灵感的火花出自何方，我知道的是在电光火石之间，我获得了所有需要的材料来完成这篇博士水平的论文。

那日之后我又花了几天时间来修改原稿，然后将其打印出来交了出去，最后的定稿超过30页。我的那门课得了A。非但如此，教授把论文还给我的时候还问我愿不愿意跟他做毕业论文，我简直受宠若惊。40年后回顾这段经历，可以看到它对我影响深远。我清楚地看到了创造灵感和逻辑思维之间的区别。我知道想法从何而来，然而灵感又源自何方呢？它来自一个更深的地方，比我能感知到的想法更深。它于寂静之中自然生长，完全无须刻意努力和排除干扰。如果完全依赖自己的逻辑思维，我无论如何都写不出那篇论文。我很想知道是否有什么办法能让这灵感之光时常出现。很多年以后我才知道，那种创作灵感频繁而发的状态是可以出现的。

第9章
乐 土

— * —

上次在奥卡拉国家森林的冥想深入体验已过去几个月了。那次体验的残余力量仍不停在我眉间涌动，也在内心深处燃烧。这所有的能量并未随着时间消逝，相反，想要继续深入的渴望与日俱增。这如同疯狂爱上一个人却不能相见。我开始考虑退学以开始隐居。我已修完所有课程，不必马上参加博士资格考试，而且那时我也已很肯定自己永远不会去参加那些考试。

我深知自己需要的是一个能远离所有人、事的地方，这样才能潜心练习。我心知自己不可能一直在石灰池边露营，但也还未准备好开始寻找那个隐居之地。我决定留意看看事情是否会自己迎刃而解。

果然不出我所料。

一日我正在加油，加油站工作人员忽然问我住在哪里。我告诉他，我这段时间住在露营车里，但也正打算在乡下找个地方住下来。他说他看到盖恩斯维尔西北方向有一块 5 英亩大的土地正在出售，那地方相当美。于是我问清楚路就离开了。

几天后我开车到了那个地方，找到了四月之礼房产公司。这公司在镇上往北 10 英里的地方，那一片树林很多，共有 21 块 5 英亩的土地以及几条小道在出售。这些土地还没怎么卖出去，那天我是唯一的客人。这地方如此宁静又充满自然的气息，我开车都开得恍惚了起来。简直太完美了。

很快我还看到了毗邻的几块土地，它们都是既有森林又有平地。这就是我想要的啊。我把车停好，走进了树林中间的旷野。这种从树林突然来到开阔地带的感觉简直不可思议，光线一洒而下，开阔的感觉迎面而来。

我爬上一个山坡，来到土地北面的栅栏边，紧邻着这里就是一片美丽的牧场，一直绵延到山下的树林环绕的溪流。土地的整个北面都能看见这美得令人窒息的景色，这美景让我想到了荷马笔下的乐土。我漫步回到树林，在树下找了个地方，既能看到面前的林中开阔之地，又能看到右边美丽的牧场。树林里很安静，让人很有安全感，如在母亲的子宫里。我一坐下就立刻进入了深深的冥想，那一刻我知道自己回家了。

我以前从没买过地，但我还有点钱。大学毕业时父亲把我户头里剩下的钱都给了我，他希望我在研究生期间能自立。我在读硕士和博士时都有全额奖学金，所以我把他给我的 15 000 美元都存了下来，而现在正好用得着这笔钱。

我决定买下那两块有树林的土地，这样我就有足够的地方隐居。在联系卖家之前，我定了一个自己愿意为这 10 英亩土地出的价，那

臣服实验

个数字比要价低得多。但我告诉自己如果卖家不愿接受我的价格，那这片土地就注定不属于我，我对两种结果都能安然接受。最终我泰然自若的态度让我在价格谈判中占了上风，我成功地做成了这笔交易。但我并没有喜悦的感觉，我所感到的是一种坚决的决心。在我面前的绝不是容易的事，为了探索未知我已付出很多，而从这一刻起我将付出全部。

第 10 章

建造神圣小屋

— * —

　　自上高中的第一天起，我和鲍勃·古尔德就是好朋友。我们都是从北边的州搬到佛罗里达的，也都是十年级的插班生。我俩一见如故，即使上了大学也保持着友谊。鲍勃是那种动手能力很强的人，小时候就总在工艺课上得高分。当我需要在自己的土地上建一个冥想小屋的时候，他欣然接受了这个任务。

　　鲍勃和我都从未修建过真的能住人的小屋。虽说我动手能力也不差，高中时还做过赛车技工，然而修小屋这事就有点超出我俩的能力范围了。于是我们又联系了一个大学时代的朋友：博比·阿特曼。之所以联系博比并非因为他建过房子，而是他最近刚拿到建筑硕士学位，怎么也知道　些关于设计和建筑的原理吧。建一个能供我独处一阵的小屋又能难到哪里去呢？

　　显然博比·阿特曼认为这根本不是问题。他很快给出了设计方案，甚至还造了一个软木模型。我现在都还记得第一次看到他的设计时的感觉：我根本就觉得他是个疯子。那根本不是一个简单的、供

　　　　　　　　　　　　　　　　　　　臣服实验

一人冥想使用的小屋。那是一座楔形的房子,有惊人的一整面16英尺宽、20英尺高的玻璃墙。老实讲,一直以来我想象中的小屋只是一个有一道门、几扇窗的盒状建筑而已。而现在,我们三个大学刚毕业的学生,也没有任何建筑经验,要怎么来建这座房子?

博比·阿特曼坚信这房子很容易就能建起来,我对此没什么把握,而鲍勃·古尔德则全力拥护这个计划。他认为我们三人搭好帐篷、建筑房屋将是一次有趣的挑战。但我当时并不那样想,因为对于我来说,回到这片我深爱的绝对宁静平和的土地已经是一种全方位的挑战了。但如果要达到目的,我就必须建起这个精心设计的冥想小屋的话,那么这就开始动手吧。

我们像年轻的嬉皮士以及疯子一样把理智抛到一边,直接开始动手。那是一段神奇的经历。我只有一点点预算,为了最大限度地控制经费,大家达成了一致:我们采用粗锯木材而非那种木料场的现成木材。就如命运安排好了似的,从我的土地往下沿高速公路走几英里,就有一个名叫格里菲斯木材与木材加工厂的地方。詹姆士·格里菲斯和他妻子是真正的南方乡下人,和我们三人这样的长发青年很不一样。无论什么时候去取木材,我们都会被几乎所有人盯着看。个中原因,除开我们的长发外,就是我们订的东西也很特别。我们需要的第一笔货是11条可以用来支撑整个房屋结构的长度为29英尺的柏木,当然也可以说就是柏树。詹姆士·格里菲斯允许我们每次在运木材的卡车到达时直接在车上选出最直的树木。然后我们就会看到这些树被绑在巨大的锯木机上,四面都被切成6英寸左右的宽度。看着这些树变成自己的屋梁,真有一种触摸到生活的踏实感觉。

一段时间之后，格里菲斯先生开始和我们亲近起来。一天，他邀请我们三人到他家吃晚餐。他的家是和木材加工厂连在一起的。这对于我们来说真是一顿大餐呀，因为那段时间我们都住在帐篷里，做饭就是直接生个火堆，随便弄点吃的。而这对于住车、住帐篷已经快半年的我来说又尤其特别。这不仅是一顿家里的饭那么简单，单是走进一座真正的房子都已经是新鲜事了。

格里菲斯的房子是一个温馨的乡村之家。筑墙柏木是很久以前就地现磨的，上面已有鸟啄纹。格里菲斯太太听说我是素食者，所以做了一顿有很多蔬菜的南方菜。席间的闲谈温暖又友好，让人感觉我们都是自家人。在某一刻，格里菲斯先生说了一句我永不会忘记的话，他说："在遇到你们三个之前，我们都认为嬉皮士是世界上最肮脏污秽的东西。但你知道，我们现在都爱上你们这些小伙子了。"这是又一个让我思考的美丽时刻：这些让人难以置信的经历都来自何方？不知何故，令人深深感动的经历总是来自最让人想不到的地方。这一发现让我震惊。

一天一天一周一周，房子开始有点样子了。一旦外部结构成型，你就真的可以感受到内部的空间。这时博比·阿特曼提出了一个我从未考虑过的问题——我们谁来布线？虽然我从没做过这事，但还是自愿承担了下来。博比给了我一本来自他大学课程的关于电线的小册子，然后就没再过问过。他居然有信心让我来做整个房子的电力系统，这简直把我自己都吓到了。但如果他认为我可以，那我应该就是可以的吧——我也的确做到了。一个伟大的性灵老师曾说过，

臣服实验

"虽说贪多嚼不烂,但是玩命嚼也就能咽下去了"。生活教会了我很重要的东西。

我们给整个房子铺上了松木地板,前后门前也都装上了雪松平台,又请了水管工为卫生间安装了露在外面的铸铁水管。这时这个房子已经有了自己的生命。我们全心全意地去造这房子,为自己的成就感到骄傲。我本着想要快速建造一个简单的冥想小屋的想法开始了这个计划,现在这却成为一个独一无二的生命历程。然而这又并不是我最初想要的。我最想要的是真正的独处,然后着手进行我心渴望的一切——绝对的平和、宁静以及自由。房子建好了,真正的工作也终于开始了。

1971 年 11 月:我想要的不过是一个小小的冥想之地——看看生命让我们建成了什么!

房屋建成——独处时刻到来

臣服实验

第 11 章

僧侣式生活

— * —

1971 年 11 月我搬进了新家。我记得那是 11 月，是因为在我搬家之前姐姐凯瑞和姐夫从迈阿密来和我过感恩节。这一举动对于他们来说很不容易，因为他们只是习惯平常生活的普通人。姐夫哈维是个成功的会计师，他们都习惯了舒适的生活条件和漂亮房子。当他们出现时，我正忙着做搬进新房子前的最后清点。哈维帮我把最后两扇窗安好了，又坚持要留下来和我一起吃感恩节大餐。这意味着他们得和我一起坐在室外的石头上生火煮东西吃，其实我认为他们就是来看我是否还是个正常人。我已经很久没有电话号码了，家人一定都很担心。

凯瑞和哈维告别后，我很高兴可以再次独自待在这漂亮的新房子里。我本来只需要一个简单的地方来潜心冥想，结果掌握命运的隐形之手却赠我以礼。对，那时我管那叫作隐形之手。从自我觉醒那一刻起，我的内心就在祈求帮助，能让我知道自己是谁，倾听我内心声音的那人是谁。从那时起，我就感觉有什么东西伸手抓住了我的辫子，将我往上拉。我的整个外在生活在一瞬间被剥离。取而代之的是我看到了以往从未想过的内心的美和宁静，触及彼岸的一刹那，我的内心亦被点燃。我心中的火焰一直在燃烧，从未停歇过。它如同一个指示，召唤我回家。在我觉醒的那个阶段，我所知道的唯一回归之路就是执着地以禅宗冥想的严格规定来进行自我修炼。当我坐在生活赐予的通往新世界的门口开始工作时，我虔诚地低下了头。这就是我的庙宇，我的修道院，我发誓要好好利用它。

我很惊讶地发现，僧侣式的生活对于我来说再自然不过。我每天清晨 3 点醒来，花几小时打坐冥想，然后我会在田野间散步沉思。在开始的那段日子，我仍然坚持认为集中精力、专心致志是必需的。散步的时候我对每一步以及身体的每个动作都非常敏感，这对延续我通过清晨冥想得来的平静很有帮助。接着我会在室外练习瑜伽，直到中午的冥想时间开始。每天我都严格遵守这自律的作息时间。这是一种极度严格的生活方式，和我以往的生活大不相同。但就如同没日没夜、全力以赴为了奥运会训练的运动员一样，我也愿意付出所有来克服身上阻碍我达到最终目的的那一部分。

我很快发觉食物对于我的练习来说作用不小，我吃得越少就越容易进入冥想。因此我试着看自己不吃饭能撑多久，结果是我每隔一天吃一点沙拉就够了，中间那天可以禁食。我的目的是放弃一切有可能将我的注意力向外分散的东西，这样我才能更加全心全意地专注内心。

每晚的日常活动从日落开始，不知为什么落日强烈地影响了使我进入冥想的那股力量。我总是在日落前就坐在冥想枕上做好准备,几个钟头的冥想后我会上楼去睡觉。我没有闹钟,每天早上 3 点我会自己醒来,重复这样的作息。

　　我的想法是如果能足够自律,那我身上不好的那部分就会自动消失。我也不知道这种想法从何而来,但我就这样生活了一年半。在这种新生活中,占据我之前整个生活的那部分自我已消失不见。他失去优势,虽有反扑却节节败退。那个干扰自我的噪音并未消失,它只是开始屈服于我高度自律的生活。我以为这个方式是有效的,但很快我就会发现自己错了。

第 12 章

信徒准备好，大师自然来

— * —

阅读在我求学生活以外所占的比重并不大。但当时机成熟时，一些其他的书籍也像《禅之三柱》一样自然而然地出现在我的生活中。那时我还没搬进新房子，一个跟我一样痴迷于瑜伽和冥想的朋友鲍勃·梅里尔把这本书带给了我。

那天我还住在露营车里，鲍勃给了我一本叫《瑜伽士自传》的书。书的作者叫帕拉宏撒·尤迦南达，是一位来自印度的圣人。我还记得当时一拿到这本书我就读了起来，但没读几页就不得不放下。不是因为我不喜欢这本书，而是由于书上的每个字都将我卷入深深的冥想状态，以至于我没法继续阅读。第二天晚上我又拿起这本书，但还是发生了跟前一晚同样的事。我不知道到底是怎么回事，但我确实对这种体验感到好奇。于是我再次放下书，决定搬了家再看。当搬好家再次开始高强度的冥想生活方式时，我觉得是时候开始读这本神秘的书了。

书里的章节将我带入了一个本来很陌生的世界，但前段时间在我身上发生的那些变革性的经历让我能够将这位印度圣人的故事与自己联系起来。很明显,我的体验与尤迦南达的经历比起来微不足道,他是我一直以来想要寻求的那整个知识和体验的大师。对于这一点,我看得很清楚。尤迦南达所到之处比我的未知世界还要遥远,而且他从未真正从那个世界归来。他学会了如何在与世界交流的同时在那种状态中生存。我终于找到了老师。

我立刻感到很欣慰,因为在我内在世界的旅途上,我不再孤单,但还有一些令人不安的事需要解决。首先,上帝这个词语并不在我的日常词汇中,而对于尤迦南达来说,这个词却如同呼吸一样自然,而且在使用过程中它被赋予了一种让人屏息的强烈热爱之感。尤迦南达的激情在他写的歌曲中得以充分表现:

吾心燃烧,吾魂似火——只为您,您,您,只有您。

有趣的是,我有同感。自从我触摸到内心深处那美丽之所后,我的心也在燃烧。事实上,我对其他所有事都失去了兴趣,一心只想通过冥想重归未知的自我。我能联想到上帝是与我内心隐秘之处有所联系的。禅学告诉我,佛在通过了绝对宁静与平和后进入了**涅槃**,而基督教也说**神的国就在人们心中**,我知道《圣经》所言的**平和超出了所有的理解**。我知道在我体内某处,深深的平和已经完全改变了我的整个生活。

起初我不能理解**精神**这个词语。我本以为这是一个基督教用语,但尤迦南达也一直在用。他谈到过唤醒精神并感受它在体内的悸动。

当他举起双手时，他多次感受到精神在其间流进流出。他说的会不会就是我在深入的冥想中所感受到的那股强烈的能量流呢？我常常感到能量自眉心经过双臂流动到掌心，精神会不会就是内部能量流的另一种说法呢？而眉间的焦点会不会就是尤迦南达一直所称的**第三眼**，或**精神之眼**？慢慢地，我意识到自己能够理解尤迦南达的教诲。

《瑜伽士自传》完全改变了我对当时自身经历的看法。看完那本书时，上帝对于我来说不再仅仅是个词语，它代表了我想去的地方。这段旅程的开始是因为我想知道是谁在看着头脑里那个声音，而现在我意识到，所有宗教传统中的圣人和大师们都曾脱离肉身的自我去找寻那个精神上的自我。尤迦南达把这叫作**自我实现**，这词语完美地概括了现在我在生命这个阶段所追寻的东西。我想要认识到我的本质，也就是内心深处的真实自我。

鲍勃·梅里尔告诉我，他在跟着**自我实现团体**学习，这个组织是尤迦南达在美国成立的。尤迦南达在1952年去世，但他以每周课程的形式把自己的学说留了下来。我听说过邮购新娘，但从未听说过邮购上师。我立刻注册了课程并将其结合到我的日常练习中。我记得大概也是这个时候，我第一次决定开始阅读《圣经》。我从未读过《新约》，我发现《圣经》给了我很多启发，里面的很多学说都与我在冥想中经历的一致。例如，有一种人必须先死去才能再生的概念，而那也是我一直尝试想做到的自我死去、精神复活。我把基督和尤迦南达的画像摆在每日冥想的圣坛上。在我之前，一些伟大的人已从这条路上走过，我想要从他们那里学习。我开始意识到在这条道路上不能独自行走，我需要帮助。

第二部分

Ⅱ

伟大实验开始

第 13 章
终身实验

— * —

迄今为止，我进入内部自由的途径都集中在冥想上，我想要的是全身心的平静与平和。在某种程度上，我的尝试是有效的。我可以长时间地静坐，有一股美丽的能量流将我向上托起，但我去不了心中向往之地。更糟的是，只要我起身不再冥想，脑中的其他杂乱想法就又会回来。某一天我突然意识到自己需要帮助。我终于明白自己一直以来的做法是错误的，我不应该不断地想要让自己的思维安静下来，我应该做的是搞明白思维为何如此活跃。在这扰攘的思绪后藏着什么动机？一旦消除了动机，也就不用挣扎了。

这个新发现为我的练习开启了一扇大门，它可以通向一个令人兴奋的新次元。开始自我探索时，我注意到的第一件事就是我的整个思维活动都围绕着我的爱恨。如果我对某个东西有所偏好，那它就会占据我的整个思绪。我明白过来就是这些爱恨偏好生出了这些头脑中关于如何掌控自己人生的对话。为了使自己免于这些恼人的东西的干扰，我大胆决定不去理会那些关于自己喜好的杂音。相反，我开始有意地训练自己接受生命之流向我展现的东西。这种注意对象的变化可能会让脑中的声音消失。

我从天气这件最简单的事情上开始这个新的练习。下雨的时候就让它下雨，天晴就天晴，不抱怨天气。这件事不会太难吧？然而我的大脑做不到：

今天怎么要下雨啊？每次不想下雨的时候就偏会下雨。都下了一整周了；太不公平了。

"看，多美啊；在下雨。"我试着用这样的想法来代替所有那些毫无意义的杂音。

我发现这种接受训练非常有用，它们能有效地让头脑安静下来。因此我决定突破极限，拓宽我能够接受的事件的范围。我清楚地记得自己决定：从现在开始，如果生命在以某种方式展开，而我反对它只是因为个人偏好的话，那么我将放弃个人好恶，让生命来做主。

很明显，我对这一切毫无把握。最终我会怎么样？如果我不听从自己好恶的引导，那会发生什么事？这些问题没有吓到我，而是让我着迷。我不再想掌控自己的生活，我想要的是自由地展翅高飞，去到更远处。我开始把这看成一次伟大的实验。如果我在内心放弃抵抗，让生命之流来主宰一切又会怎么样？这次实验的规则非常简单：如果生命让一些事情发生，那我就把它们都当作是来引渡我的。如果自我要抱怨，那我就用一切机会让他放手，然后向生命臣服。这就是被我称作"臣服实验"的诞生，而我也准备好了去面对他的指引。

你可能觉得只有疯子才会做这样的决定。但实际上迄今为止我已经经历了一些生命之流带来的神奇事件。我已亲眼见证了放手的结果，也经历了那次进入墨西哥山间以及与村民们互动的神奇经历。当我回到美国时，我又被引向了我美丽的土地，也看到了发生在房子上的事。我想建造的不过是一个简单的小屋，而那却变成了一次出人意料的丰富经历。千真万确，我并未做这些事，**它们就那样发生在了我身上**。如果我没有放弃最初精神上的抵触，所有这些都不会发生。在过去的人生中，我总以为自己知道什么对于我来说是最好的，然而生命本身似乎比我更清楚这些事。现在我要尽最大可能去尝试。我愿意孤注一掷，让生命之流来掌控一切。

第 14 章

生命开始掌控

— * —

臣服于生命之流可能看起来是一个大胆的举动，但实际上我也并不是随时都需要面对生活的挑战。毕竟每日我多数时间都只是安静地待在自己的土地上。然而也有例外。在我完成资格考试和论文之前，我还是属于研究生院，这意味着我还是在拿学校的奖学金并且负责讲授宏观经济学或微观经济学。这门课每周三天，每次一小时。我通常会在做完早上和中午的瑜伽练习后赶进城去教课，然后又赶回家。我觉得那段时间不会有人喜欢我，因为我完全不爱交际。除非是学生在课后提问，否则我尽量避免与任何人交谈。我总是穿牛仔裤和长袖牛仔衬衫，头发往后梳成一个马尾辫，穿凉鞋或干脆光脚。这身打扮对于哲学系来说还好，但我教的是南方商学院的低年级课程。经济系能容忍我是因为我在学生中很受欢迎，而且他们的考试成绩也很不错。

我来回忆一下某次上课的夸张过程。那时我想挑战一下自己，看看能否在保持大脑平静的情况下开车进城上完课，然后回家。为了做到这些事，我必须在一天内的很多时间点都练习保持冥想状态。在我离开家之前，我会先在旷野里练习瑜伽，然后在去上课之前先在露营车上做一些控制呼吸的练习。甚至在站在讲台上开始授课以及结束授课之前，我也会稍做暂停，让思绪平静下来。某一天，我开车到了学校，在做好呼吸练习后就走进了那个坐满学生的大教室。不知什么原因，我一进去学生们就开始怪叫。过了一会儿我才明白过来，原来我在家里练完瑜伽后只穿了牛仔裤，忘记了穿上衣。我光着上身，赤脚站在那里。我没有恼怒，只是问学生他们是想取消今天的课，还是照常上课。大家一致同意照常上课，于是我就上了一节宏观经济学的课，完全没有理会衣服或者其他问题。

时间在我严格的冥想生活方式中又过去了几个月。到了准备博士资格考试的时候了。不用说，我一本书都还没看，而且也不打算看。我已经厌倦了那种生活，至少我当时是那样认为的。

一天，在我讲完经济课后，高夫曼博士在大厅里找到我说想和我谈谈。我脑海里的那个声音立即告诉我说我有麻烦了。他当时还是系主任，所以他肯定是听说了我没穿上衣就上课的那件事。当然，那个声音错了。

高夫曼博士说他接到了来自塔拉哈西的州长办公室的电话。很明显，当局已决定在盖恩斯维尔修建佛罗里达州最主要的社区大学，因此他们需要一个强大的领导者来负起教育相关责任，同时掌管筹款以及财政事务。出于这种考虑，委员会已经选了一个本地的重要银行家来出任新扩建的圣达菲社区大学校长。在他说话的时候，我脑袋里一直想的是："他为什么对我说这些？这关我什么事？有这工夫我都该到家了。"

我很快听到了这些问题的答案。原来佛罗里达州的法律要求社区大学校长得有博士学位，而委员会选的那位名叫艾伦·罗伯森的银行家并没有这个。因此他们决定让一个有类似学术背景的优秀博士生来协助他取得博士学位。令人惊讶的是他们选的博士生就是我。

我脑中的声音像原子弹一样炸开了。我听到它在里面尖叫："不！我做不了。我已经退出这一切了。我得把时间用在练习上面。我才不要又去翻那些以前的经济学课本，我已经受够了。"在这所有的抗议声中，我记起了自己最近要臣服于生命的承诺。眼前的声音不是我的精神导师而是精神负担，是时候让它离开主导地位了。

这时高夫曼博士也在等我的回答。我想要应承下来却开不了口。最终我听见自己大声说："好，我很高兴可以帮得上忙，我会辅助他。"

那一刻落棋无悔，伟大的臣服实验正式开始。

我也不再掌控自己的生活。

　　　　　　　　　　　　　臣服实验

第 15 章
王子与贫儿

— * —

辅导艾伦·罗伯森并没有让我的生活方式有什么大的改变。我们都调整了自己的时间安排，以便我每次进城授课的时候可以在课后和他待几个小时。我们会在学校旁市中心的圣达菲老校区碰头。我俩合作得不错。艾伦是个成功的银行家，总是穿着三件套的西服，而我则是扎马尾、穿牛仔裤和凉鞋的瑜伽士。我并不知道和艾伦相处会是什么样，结果却发现他是一个特别热情豁达的人，也非常感谢我的帮助。

但在相处过程中还是会有一些尴尬的时候。第一次文化冲突发生在付钱给我的时候。我告诉他我不愿意收指导费，但他仍然要给，我自然还是拒绝了。他就开始给我讲道理，说他是一个成功的银行家，现在又是大学校长，而我还是一个靠着每月 250 美元奖学金生活的穷学生。他说的倒也没错，而且买地和修房子花光了我所有的钱。然而我辅导他是臣服于生命之流的行为，我不愿收费。

艾伦最后还是接受了我们这种非商业的关系，我们成了好朋友。

他有时会到我家来学习，我们还会一起走很远散步。他喜欢了解我独特的生活方式，而在他的西装革履之下也有一个有趣的灵魂，我很乐意与他交流。我甚至接受了他妻子的几次邀请，去他家共进晚餐。尽管一开始并不情愿，但我逐渐认识到自己和艾伦的关系是来自生命的另一个神奇的礼物。

艾伦已做好了参加博士学位资格考试的准备。他还建议我也去参加考试，这让我有点吃惊。我对此并没有什么兴趣，尤其是我们只一起准备了我三个主要研究领域其中的两个。但我还是听了他的话。我报了两门课的考试，就是我们一起准备的那两门，把第三门课留到了下一次，如果还有下一次的话。但学校通知我他们弄错了，给我报了三门课的考试。我该怎么办呢？就听任这个安排吗？

我开始分析为什么参加第三门课的考试让我感到恐惧。我也没想要拿学位，所以参不参加考试都不重要啊。后来我意识到自己怕的是成为别人眼中的失败者。我完全没有准备这门财政学的笔试，所以心知如果参加了考试，分数会很难看。一想到会失败我就很烦躁，而这个想法也让我内心深处那个声音开始喋喋不休地发表关于如何躲过考试的看法。而这实际是个清除那一部分自我的绝佳机会。我不再把报名出错这事当成一个问题，而将之看作放开自我的机会。因此我最终决定三门考试都参加，并接受第三门考试失败这个经历。

前面两场考试很顺利，我和艾伦为这两门课做了很多功课，因此我对相关材料相当熟悉。当第三场考试临近时，我使劲给自己打气，因为这一战不可避免。我要昂首走进考场，欣然让一部分自我痛苦死去。

最终发生的事改变了我的余生。考试前一天我才第一次找出财政学的课本来看。我练瑜伽时也把书拿到室外,放在身边。练完瑜伽,我感到安静平和,为面对第二天的严峻考验做好了准备。仿佛为了检视那即将刺中我的剑,我打开书,随便翻到了一个地方,然后从头到尾把那左右两页都读了个遍。我一共这样做了三次,然后就把书向上高高举起,表明了我愿意臣服的心愿。

第二天我很用心地去感受内心那个声音要说的话,同时我惊讶地发现自己对于即将发生的事非常淡定。早上的冥想结束后,我再一次拿出那本书,随便翻到一页,结果那刚好是我昨天也翻到的其中一页。再次复习了那一页上的复杂表格后,我把书放回了原处。

那天上午晚些时候,我把车停在商学院,在下车前又冥想了一会儿。我感觉内心仍然非常平静,那是一种平和的顺从之感。我还记得当时觉得自己已经通过了真正的考试,我已经证明了哪怕在自己对生命展现的东西不尽满意时,也能够深深臣服于它的安排。

我上楼到了经济系,行政助理把考卷发给了我。当我伸手去拿的时候,瞥到了那六道问答题,要求是我需要回答其中三道。那一刻我凝固了,眼泪也涌了出来。因为其中三道题的答案就在我昨天随手翻到的那三页书上。我目瞪口呆地在那儿站了好一会儿,连呼吸都困难。

这是怎么回事?这种状况再次出现。我以超越自己的名义而臣服,又心甘情愿地面对我自身的恐惧。然而在最后一刻,我并没有下地狱,而是升入了天堂。

我走进指定的房间开始答题，头脑中有新鲜的灵感，我甚至能够对那个曾经两次看到的表格进行复制润色。最后我交了答卷，在一种自己完全没有意料到的状态中回家了。在去考试的路上我仿佛觉得生命在叫我自愿地让自己的一部分就在当日死去，而现在我领悟到生命是在叫我让开以便让她来掌控。我很高兴自己当初愿意冒那个险。

几天后高夫曼博士召见了我，他称赞了我财政学考试的优异成绩。要是在以前，这来自系主任的认同会让我非常开心，但这一次我感觉有些愧疚。我告诉了他整件事，然后问他我是不是犯了错。高夫曼博士站起来，把手放在我的肩上，让我不要太谦虚，然后带我走出了他的办公室。

第16章
跟随不可见进入未知

— ∗ —

　　1972年春天的时候，我无意中已经完成博士学位的课程要求，通过了资格考试。现在就只剩论文没写了，我知道自己是没打算写的，所以根本没去想这事。冥想和瑜伽就是我那时的全部生活。

　　尽管我的练习已取得了相当的进展，但我仍然觉得有什么在阻碍着自己。我认为解决办法就是练习克里亚瑜伽，那是一种尤迦南达传授的冥想技巧。但问题是要想真正掌握这种技巧，就必须上一年的课。我决定写信给自我实现团体，要求早点开始练习克里亚瑜伽。

　　在那个时候，我很少收到邮件，因此几周之后，当两封来信被同时送到家中时，我很吃惊。一封信来自自我实现团体，另一封来自某个我从未听说的组织。自我实现团体的来信让我很激动，所以我立刻拆开就看。信件内容让我的心情掉到了谷底，因为它说还要再等半年，我才能收到克里亚技巧的课程。对此我除了排解自我外也别无他法。我深吸了一口气又打开另一封信。我才看一眼，之前所有的失望都烟消云散了。因为信封里夹着一张传单，上面印着几个大大的黑体字：

这个夏天与帕拉宏撒·尤迦南达的真传弟子
一起学习克里亚瑜伽

我完全惊呆了。我从未听说过这些人。他们好像是一个来自加州的瑜伽团体，但他们不可能会知道我这个人或我家地址，因为我只是一个住在加州树林里的隐士。这两封完美交错的信怎么会同时到了我的邮箱里呢？

不管这个有趣的问题的答案是什么，我知道那个夏天自己应该去哪里了——就是那个北加州的灵修社区。这个指引如此明显，我很容易就能跟随。但从现在开始，在西行冒险之前，我让生命做主的承诺还要面对一些挑战。

收到信后不久，高夫曼博士告诉我，艾伦·罗伯森正在找我。自从通过考试后，我俩就没有联系过。于是我联系了他，得知新的圣达菲社区大学的校园建设已经完工。艾伦正在为开课筹备人员，他想让我去教课，即使只是兼职也行。听到这儿我沉默了，因为我对在圣达菲社区大学或者别的任何地方授课都没有兴趣。我唯一的愿望就是不断增加心灵练习，直到可以与我已知的内心美丽世界一直融合。我试图让艾伦明白我的想法，但他根本不听。最后他说："我不是在请求，我是在命令你。"我只好违心地说："好的，先生，我会兼职授课。我现在需要做些什么呢？"说出这话时我简直感觉口干舌燥。

臣服实验

臣服——多么神奇有力的字眼。它常常会催生出软弱和怯懦的想法。而在我的情况下，臣服需要我有足够勇敢的力量去追随无形进入未知，而那也是我正在做的。臣服并不能让我清楚自己行走的方向，我也不知它将领我去向何方，但它确实让我认清了一件最基本的事，那就是我的个人好恶并不会引导我的生命。通过放弃那些强大力量对我的控制，我让一个更加强大的力量来指引我的生命，那就是生命本身。

　　通过这个阶段的成长，我明白了臣服是通过两个非常不同的步骤来完成的：首先你必须放开那些来自内心和大脑的个人好恶；然后，借由第一步产生的清晰思路，你只需要看看当前的情况需要你做些什么。如果不再被个人好恶左右的话，那你又会如何行动呢？跟随更深层次的指引将会让你的生命去到另一个方向，那与你的好恶所指引的方向完全不同。这就是我对臣服实验能做出的最清楚的解释了，它已经成为我精神生活和世俗生活的根基。

第 17 章
第一次工作面试

— * —

除了在高中时为了节约钱，我会在课后去当赛车技工以及在暑假打打工外，目前为止我这辈子的大部分时间都是在学校里度过的，我从来没有为了真正的工作而面试过。艾伦安排我去和一位课程主任见面，讨论我的职位安排。

面试那一天，我穿着自己平时的服装，也就是牛仔裤、牛仔衬衣以及凉鞋到了圣达菲社区大学。学校市区分校的氛围相当自由随意，但我不知道艾伦当了新校区的校长后事情会不会发生变化。课程主任问我想教哪门课，我觉得自己应该诚实作答，因此我告诉她，我想教的是自己这段时间以来所了解到的大脑里面的那个声音。我想让学生们明白，他们不用理会那个絮絮叨叨的杂音，他们拥有源于内心深处的自由。我也告诉她，我想告诉学生们，他们存在于这个在太空中旋转的小小星球上，理应去享受这个旅程。让我惊讶的是，她的回答是只有一门入门级的社会学课可以容纳这样的课程内容。这是一门所有新生的必修课，还有三分之一的班需要老师。她解释说，这相当于半个教职。我接受了这个职位，于是她安排我在9月学校正式开学时开课。

　　这真是一连串的事啊！起初是生命指引我夏天去加州，现在它又告诉我回来要做什么。这一切都是自然展开，而我只是顺势而为。对于9月开学后要在课堂上教什么，我一无所知。我从来没向任何人传授过这段时间所学，更不要说开班授课了。我的自我开始对整件事感到不安。为了理清头绪，我定了几条基本规则：在进教室之前完全不能去想有关这门课的任何事。我希望在第一次走进教室时，大脑是完全放空的。我想要像上次完全靠灵感写论文那样的体验，走进教室，然后看会发生什么事。

　　外部世界的事件开始一点点占用我的时间，这让我更加珍惜独自在冥想之地的时间。然而不管我多努力地守护自己的独处，人们总有办法找到我。这一次是桑迪·布恩。她沉迷于佛学禅修，喜欢在户外生活。我不记得她来自何方，但有一天她出现在这里，开始在我的土地上散步。她很小心地尊重我的隐私，一心只想回到自然，在室外冥想。这都是可以的，直到她开始询问是否可以在我土地的边远之处搭帐篷以冥想。于此我是不情愿的，但我又有什么权利阻止别人冥想呢？最后她终于大胆提议在每周日早上和我一起冥想一小时，我很清楚地记得自己同意了，因为我听到大脑中的那个声音在强烈反对。

　　又过了一段时间，她开始带朋友一起来参加周日早上的冥想。开始是3个，然后6个，然后10个。我并不喜欢这样，但我觉得自己无权干涉。当来客在我家楼下聚集时，我通常会在楼上冥想。每周日早上在米基家进行的冥想仪式就这样在 1972 年春天开始了，这个传统持续了四十多年。

同时，夏天的步伐也在临近，我该开始为自己的加州之行做准备了。我打算在那个灵修社区待 3～4 周，就住在我的露营车里，然后准时回去授课。我花了 10 天才到达目的地，因为一路上我仍然照常冥想。到达社区时，映入眼帘的是一大片宽阔的土地，还有很多小小的乡村小屋，很有乡村风味。这里的人们看起来都是那种返璞归真的类型，在这儿我感到很自在。注册的时候我注意到他们为那些想要练习沉默的人准备了特别的名牌。我并不想在这儿结交新朋友，因为那对于我的内部修炼来说是一种打扰。因此我决定利用这次旅行来助我的练习达到一个更加严格的层次：我要在到访期间保持完全沉默。

在寺庙附近并没有现成的露营基地，因此我把车停在了最近的泥地停车场里，我将在这儿度过几周。到了下午，一切安顿好后，我开始在他们的寺庙里练习瑜伽和冥想。虽然我习惯于独自练习，但我很快发现在这里我也并不会被打扰。这里的人们都懂得我心之所向，不会打扰我。我继续每周三次的禁食，该吃沙拉的时候我也总是独自坐着。我并不喜欢交际，但总会去庙里参加晚上的冥想和诵经。正是在这里，我第一次接触到东方式的高喊。我要坚持沉默，所以并不会开口，但仍然可以感受到室内能量的上升。

如果不是因为一个梦，在这里的整个时期我也就这样度过了。我几乎不做梦，即使偶尔做梦，那些梦也似乎没有什么深刻意义。但某个晚上我做了一个特别清楚、对我影响深远的梦。我梦见自己在

臣服实验

练习高度集中精力的禅宗式行走。我慢慢地向一个洞口走去,有意识地把一只脚放在另一只脚前。我顺利地走入岩洞,进入了在面前展开的黑暗。在光线几乎消失时,我拿起岩洞壁上的木头火炬,点亮之后继续前行。我发现越往里走,空气越稀薄,心中有一种几乎令人恐惧的强烈使命感:我将在这未知的洞穴中探索,直到找到自己追寻的东西,什么也不能阻止我。

我开始看到远处有一点微弱的亮光,我什么都没想,但直觉告诉我那就是我前进的方向。当我越来越靠近时,我能看到来自上方某处的亮光照进了洞穴。光源越近,空气就越稀薄,我已几乎不能呼吸,但仍然坚持前行。这种体验与我练习中的感受相似,冥想时越到深处,呼吸就越慢,直到最后呼吸自然停止。我也不知道自己能保持多久的窒息状态,但我会回去换气。在洞穴中行走的某些时刻,我的感觉很像冥想中的那个阶段。

马上就到了,我能看到流动的光线就在我眼前倾泻在洞穴地面上。我感觉自己快要因为缺氧而倒下,但意志支撑着我跨出了进入光线的最后一步,我瞬间沐浴在炫目的光线中。我昂首想要向上爬入光源,却摸到了洞穴顶的铁架,此路不通。

我脑中什么念头都没有,甚至都没有叹一口气。那个引领我进洞的钢铁般的意志又让我转身开始往回走。我的想法只有一个:必须另寻出路。

第 18 章
放开绳索

— * —

从梦中醒来后，我整个人都变了，我的思考方式也经历了深刻变化。我第一次质疑，越来越多的自律是否能将我带入那梦寐以求之地。那日清晨，我独自坐在车中，知道答案应该是否定的。我通向自由的道路应该是微妙的，那可不仅仅需要更严格的控制。

某种比我自己智慧得多的东西已在那晚抵达我的心灵，重新安排了我与自身的关系。我不再把自己身上诸如个人问题和夸张爱演等缺点当作必须毁灭的敌人。现在我开始重新理解自己，我需要用所有这些受到干扰的个人能量来提升自身。我非常清楚自己身上的问题同时也是解决办法。对藏在我身体里的那个挣扎的人，我确实抱有些许同情。再过一段时间我就会明白《薄伽梵歌》里所谓的一个人应该自我提升而非践踏自我，而我过去一直在以解脱人性的名义践踏自我。我现在需要学会如何提高能量，帮助在旅途中的自己。

我离开露营车往庙宇的方向走，感觉自己更轻、更坦诚了。我想要解放自己，展开双翅。但在这之前我还得先做一件事。从开始进

　　　　　　　　　　　　　　臣服实验

行精神自律起,我就想象自己脑中有个房间可供我的心理自我冥想。那个房间有巨大的木门,墙则是由坚固的玻璃筑成。这个房间的特别之处在于透过玻璃墙可以看到整个宇宙。坐在孤独的冥想座上,就可以看到地球在黑暗的太空中悬浮着,远处是星星和银河漂浮在无限之处。每当米基有麻烦,我就会带他来这里放松。我甚至常常把他留在那里,我总是让他保持安静,让他铭记自己所有的经历都不过是发生在漂过无限太空的一粒尘埃上。

那天清晨当我在去寺庙的路上停下步伐时,我闭上双眼,打开了通向那个特别房间的巨大木门。那个被我留在房间里冥想的自己立即站了起来,随着我越走越近,他也更加专注、更加自律。我过去非常严厉,与之形成鲜明对比的是这一次我友善关心地向他张开双手,说"现在你可以出来了"。随之而来的感受是,这样的表达让我羞愧于这些天将冥想归属于幼稚的意志较量的想法。那些话一出口,我就感觉到一种前所未有的强烈的情绪释放,眼泪一涌而出,而双腿不能移动。仿佛某个让这一生解脱的重要事件已经发生,我的心打开了。

当这一切结束,我意识到一些自己永不会忘记的东西:那个一直被我观望和评判的害怕的、陷入困境中的人,他确实是人啊。灵魂是有感情、思想、希望、恐惧和梦想的人。我不应该把他关起来,不停要求他闭嘴。还有很多更有建设性的方式来处理这些不安的、以自我为中心的能量。不幸的是我通过亲身经历才体会到这一点。

当时的感觉比我长久以来的感觉都更加完整,我记得自己在梦中说:"我必须另寻办法。"对于这个"另外的办法"我毫无疑义,那就是我必须学会如何更加臣服而不是如此挣扎。我已决心向生活之流臣服，即使还不明白它会将我引向何方。我也必须在思想上这样做，我需要学会放松内心而不与自己做太多的思想斗争。那个声音说话并不意味着我就要洗耳恭听或让它影响我生活的方向。它与我无关，不管它说什么我都应该放松。我又回到了这个基础：我是注意到说话声的那个人。

在接下来的日子里，在社区中我不再沉默。我的意思并不是说我会说很多话，因为那并非我所为。我只是适当社交，让人们觉得与我交谈很舒服。我见了一些长期住在这里的居民，听了他们各自的人生故事。尽管有这些调整，我还是和往常一样练习瑜伽和冥想。这些都不是问题，我才是问题。我之前形成的关于绝对纪律的心理概念实际上阻碍了我。在冥想中我一直通过压低能量来达到高度，但这只是一种抑制的形式。我必须学会将这些能量向上疏通而不是把它们推开。我花了一些时间才最终意识到瑜伽的真正目的。在正确的方法下，瑜伽是一种让所有能量向上汇聚的科学，直到它们在最高点融合，最终天人合一。

几周之后我开始了回家的旅程。这个驱车回佛罗里达的是一个更加有智慧、头脑更加清晰的人。然而虽然种子已经埋下，也有了一些深刻的教训，要学会与自己和平相处还得花一些时间。同时，我也盼着回到自己的家园，回到我美丽林中小屋的清净中去。

第 19 章

接受，接受，更多接受

— * —

在我驾车回家的路上，思绪一直非常平静。但就在到家的那一刻，我面临着对自己誓言的严峻挑战。当我穿越树林驶入我的领地的中间地带时，迎接我的不是这里常有的宁静，而是圆锯发出的噪音。然后我看到桑迪和我的朋友鲍勃·古尔德都穿着木工围裙爬在一个他们正在修的建筑上。我简直不敢相信自己的眼睛。

我问他们在做什么，桑迪高兴地告诉我她正在修房子，而鲍勃·古尔德同意帮助她。我已不记得自己当时的语气了，但我提醒说她是在我的土地上修房子。但她还是很开心地说她并不会要求这房子的所有权，当她决定离开时，这房子就归我了。很明显，她已经考虑过整件事了，觉得毫无问题。我决定先回家冥想一阵再做回应。

想象一下我脑中的声音吧："天哪！她怎么敢问都不问我就做出这样的决定？我才不想我的土地上有另一座房子。我不想有任何人待在我的地盘上，那我怎么还需要另一座房子呢？世界上怎么会有这种人啊？问都不问就跑到别人土地上修房子！"那个声音不停地絮叨着，但我那时已经受过足够的训练，可以镇定地观察这些受到自我喜好控制的思想产生的想法。毕竟如果我本就想再要一座房子的话，那个声音就会说："奇迹啊！上帝来为我建造第二栋房子，我自己什么事都不用做。"因此，那个声音说什么都无所谓，我很了解自己，我不会再让它控制我的生命，一天都不行。如果我能选择是利用这次时机来固执己见还是将自己从中解放得到自由，我一定每次都会选择自由。因为这是我从生活经历中看到的本质：生命总是有优先权。因此我回到山上，系上围裙，也开始帮助桑迪建房子。

再次建房子感觉好极了。这次我不再是新手，对木工活儿已经能完全胜任。第二次做一件事与第一次做这件事区别很大。这次我感觉自己对于在做的心中有数，这让我有了一种自信和内在的力量。我并不是为了桑迪或自己来盖这座房子，是生命之流将我置于此地。在盖这个小屋的时候，我开始进行一种仪式，就是把我的劳动成果献给那个指引我的隐形力量。我并没有掌控什么，但生命不断展开，仿佛它对发生的一切都了如指掌。我要供奉那个力量，你想把它叫作什么都可以——上帝，基督，圣灵。这些不再仅仅是可以信仰的力量，那些引领我度过生命的事件对于我来说是真实有形的。我开始真诚地将我所做的一切都献给宇宙之力。我一心只想回家，回到那个内心深处的美丽之地。如果跟随生命的无形之手就能到达那里的话，那就这样做吧。

桑迪的房子很简单，就和我最初想要为自己建的房子差不多。她的小屋长 16 英尺，宽 12 英尺，没有电，没有管道，也没有护墙板，窗户只有纱窗和一点塑料薄片遮着。建造时间仅 6 周，基本没花什么钱,但桑迪喜欢极了。现在,当我回想自己起初的反对时,只觉好笑。我永远没法想象自己人生中有多少重要经历都与那个小屋有关。

同时,夏天结束了,在圣达菲授课的日子马上就要到来。这段时间我的确做到了不去想任何关于上课内容的事。如果我总是去掌控生活的话,又怎么知道生命是能掌控一切的呢? 我走进圣达菲的第一堂课,对于将要发生的一切都抱着完全开放的态度。在学生陆续进教室时,我平息着自己的心灵并且自问:"你有哪些东西是值得教给这些学生的呢?"我明白自己的确能教给他们一些有趣又对人生有用的知识。因此我吸了一口气,然后站起来直接开讲。我当时并不知道那个时刻为我下一阶段的心灵之旅打下了基础:成为老师。

语言顺流而出,完全不用事先考虑。第一堂课为这门课将学些什么订好了计划,就如同在那之前课程都已经安排好了一样。这和我那次在林中的露营车里写经济学论文的经历相似。只是这一次我看到的是绵延不绝的灵感变成了一个强大的讲座。我什么都没做——我只知道这一切在发生。

随着这学期慢慢过去,这种事在一次又一次的课堂里发生。我对授课内容感到惊奇,仿佛我从学校学到的所有知识、来自自省冥想的收获以及对那个声音的无情观察都被编织到一起,成了一个紧密结合的整体。这个课程的前提集中在一个可能性上,那就是宇宙中有一个潜在的真理,而人类所有的知识就是从不同角度对于这个真理的认识。对于这个假设的探索涉及物理、生物、心理学以及宗教。它们都是在讲同一件事的可能性有多大? 我以前从未以这种方式想过问题。事实上我花了很多时间来学习不要让思考变成一种消遣。这些课怎么会如此完美呢？我什么都没做啊。然而，课堂内容就在我眼前逐课展开了。

课程取得了巨大成功，有的班开学时教室里有 20 个学生，到了期末人数已经翻倍。我记得在有个班上课时进教室都困难。那个班有 20 个正式注册了这门课的学生，还有另外四十来个人坐在教室或过道上旁听。学生还不断地带朋友来听课。我那时仍然喜爱安静，并不想让这些打扰我的练习。因此我试图通过准时上下课、不提前进教室、下课马上离开、不参加任何教师聚会或学校活动的方式来将自己与一切隔开。但这些都没有用。那是 20 世纪 70 年代，刚好处于意识革命中，而我教的是一门叫宇宙思维的课。一段时间之后，一些学生和他们的朋友开始出现在我家的周日冥想活动中。

而这似乎还不够，这些在圣达菲的课程为另一系列灵性事件打下了基础。这次是和我的博士毕业论文有关。我之前一直告诉高夫曼博士，我的生命已经让我远离了经济学领域，我已无意写论文。然而他有一天让我发誓我会交篇东西给他，就当是帮他一个忙。对于高夫曼博士我是又敬又爱的，我把这事看作服从他的意愿的行为。当天晚上，我坐在自己家的房间地板上，点燃煤油灯，然后问自己是否有什么值得费力写下的。我很快意识到自己确实有重要的东西要写，也希望高夫曼博士能看到。我想趁此机会来写那个在脑中的声音，以及所有科学与宗教背后的统一性——也就是我在圣达菲的课堂上讲的那些东西。

对于那个题目我满怀灵感。尽管我知道这不会被当作经济学毕业论文,还是开始了全力以赴的写作。事实证明,最后的完稿有它自己意想不到的命运。一个博士委员会的教授让出版商联系我,我的论文一年以内就以《追寻真理》为书名出版了。这本书在 35 年后也仍然每个月都在亚马逊网站上售出——这是对于将此书带到这个世界的臣服行为的适当致敬。

　　所有这些事情中最重要的一点就是,如果我听从了自己的想法,所有这些都不可能发生。而通过追随生命之流而非顺从自己的偏好,我现在成了木工、教师、已有发表作品的作家。我的内心也在成长,那条被我划在精神与非精神之间的清晰界限开始逐渐消失。我在教学中感受到的能量和我在瑜伽练习以及冥想中运用的能量完全一样。在冥想时这股能量会往上流动,将我托起,使我脱离日常的自我。当我面对学生时,这股同样的能量又会爆发成为有激情的、发自内心的演讲。我开始把这一切都理解为精神能量,同时我还开始懂得上课教学与回家练习冥想之间并无区别。一连串神奇的事件让我开始教授这些课程,也让我驱车回家。这些事都不是由我决定的,它们是我放开自我的结果。生命的质地渐渐由我臣服的结果构成,围绕着我的是为我建造的生活,它们并非由我建成。然而即使是在最狂野的梦中,我也想不到这会给我带来什么。

第 20 章
我所做过的最重要的事

— * —

1973 年的夏天，我的生活发生了一些有趣的变化。我周围的很多 5 英亩土地都被对返璞归真的生活方式感兴趣的人买下了，而这一切并非由我促成。这当中很多人都对某种瑜伽或冥想方式感兴趣。我还是坚持冥想者应该在林中独处的看法，因此很少与新邻居互动。但必须承认，每天下午的散步变得更有趣了，因为周围土地上开始出现各种粗锯小木屋。

一个名叫鲍勃·提尔钦的人买下了正对我屋后的那片土地。之前我们并不认识，但后来我发现他热爱瑜伽和苏菲主义，是个很温柔的人。他雇用了我的朋友鲍勃·古尔德帮他修房子，所以我们感觉就像一家人。一天鲍勃·提尔钦找到我，请我帮忙。他说自己和一个名叫杰瑞的犯人是笔友，他被关押在离盖恩斯维尔北边 40 英里处的联邦惩教所（UCI），那是一个最高安全级别的监狱。鲍勃曾答应不时去探访这个人，但是他现在有事要出门一段时间。他问我能不能在他离开这段时间去看看杰瑞。对于我来说，这个请求很奇怪。

我对这种事毫无经验,而且我仍然很保护自己的清净生活。然而当我脑中那个声音说"不"时,我的嘴巴已经说了"行"。我完全不知道去最高安全级别的监狱见一个陌生人会是什么情景,但我很快就会知道。

　　一个周六的早上,我驱车去监狱的指定访问区域见杰瑞,他是一个年轻的黑人。我们共度了几个小时,一起讨论了一些话题,就和我在课堂上讲的那些类似。他似乎对这些真的很有兴趣,本身也相当聪明。他练习冥想已经有一段时间了,因此我们一起冥想了一会儿。杰瑞说对于我的来访他很感激,请我下次再来。我注意到鲍勃和我是被列在他的批准访问名单上的仅有的两个人。这次冥想非常深入,当我离开监狱时,我感到一种全身心的平和。然而不知怎么回事,这种环境打动了我内心深处的某个东西。还未走出大门,我已经开始盼望下一次的来访。

　　我第二次去探望杰瑞时,他给了我一个惊喜。他非常喜欢我俩上次一起的冥想,于是开了一个名单,上面是五六个也想和我们一起集体冥想的狱友。我联系了官方,发现只有宗教活动才能采取这种集体的形式。杰瑞认为自己是佛教徒,而我也已经练了很久的禅宗冥想,于是我开创了可能是这个北佛罗里达监狱历史上的第一个佛教团体。我们每隔一周的周六早上在小教堂会面,这整个场景对于我这种人来说简直就是超现实。当我到达监狱时,我会穿过绕满双层铁丝网的主门,随后还要通过两道门,然后会有人对我进行搜身安检。那之后很快就会有一个声音通过不同监狱区的扬声器说"佛教徒"。我听见自己脑中的声音从体内某个非常安静的深处说:"我怎么会在这里?"

这个组织逐年扩大。当杰瑞被转到佛罗里达州立监狱的时候，我在那里也创办了一个团体。起初开创这些监狱组织的原因可能是我的臣服行为，但一旦开始，那就成了我的心之所向。每当我走进监狱，就会感到心灵能量在有力地增长，与囚犯们一起练习的冥想比我独自在家端坐几个小时的冥想要深入得多。我也不知道究竟是怎么回事，但我盼望着每一次探访，那是一种心灵提升的经历。

我用与在圣达菲授课相似的方式组织这些团体。我并不会做任何准备，只是让能量来主导话语。这些囚犯们能立刻领会到我所说的脑袋里喋喋不休的声音是什么，他们非常善于学习如何让那个声音安静下来，以及如何处理愤怒、恐惧和强烈的内驱力这些人类的内心模式。他们对于自我心灵成长的深切诚意让这些监狱团体活动成了我人生中最有益的体验之一。来自邻居鲍勃·提尔钦的那个让我最初满怀抗拒的请求变成了超过 30 年的与囚犯们一起的协作。团体中的人们成了我大家庭的一部分，他们将一直活在我心深处。

1973 年夏日，在最不可思议的地方，我学会了把心打开，也学会了如何去帮助他人，这些并不是我能独自领悟出来的。我曾全然以为只有瑜伽才是通往自我实现的道路，幸运的是，生活总是懂得更多，她开始引导我以为他人服务的方式来破除我执。

臣服实验

第三部分

—— III ——

从独处到奉献

第 21 章
大师的召唤

— * —

佛罗里达的夏天酷热难当，即使在树林里也一样。我的房子没有装空调，还有一整面西晒的玻璃墙，屋顶几乎不隔热。圣达菲的课程会在 9 月中旬开始，现在离那个时候还有几个月，因此我开车去了北加州。在回家之前，我听到风声，前妻雪莉也正在旧金山那边的一个瑜伽中心。我辗转找到她的电话号码打了过去。我已经有几年没见过她了。我们都一样沉迷于瑜伽，这真的很神奇。

我开车去了皮德蒙特，找到了她的住处。再次见到她很开心，我感觉自己也已释怀。她带我参观这栋漂亮的房子，这是能容纳少量住户的冥想中心。我们上楼去看冥想室，在这里生活再一次给了我一个惊喜。这个冥想室里到处都放着一个他们称作"巴巴"的瑜伽大师的照片。在此之前我从未听说过这个人，但想来我也的确不可能听说他。我在佛罗里达的中北部的树林里住了好几年，而他在印度。这位圣人的照片富有魅力，我不禁不住地盯着它们看。我体内的能量流涌向眉间，整个人感受到一种强烈的宁静。我问雪莉我是否可以在这里冥想一会儿,她点头同意,然后就去忙自己的事了。

我在那个房间冥想了好几个小时,浑身充满了闪烁的能量。这能量仿佛溢满了整个房间。我不太明白正在发生什么,只知道自己轻易就进入了冥想状态,并不需要像往常那样事先挣扎一番。在房间里待了相当长一段时间之后,我终于走了出来,是该向雪莉告别的时候了。这次见面和我最初的设想完全不一样,最开始这只是一次非常私人的访问,生命让它变成了一次强大的精神体验。如果这就是这次探访所发生的事,那真是太神奇了。但这仅仅是开始。

9月初的时候我回家,发现一个不认识的人住在桑迪的小屋中。桑迪出门旅行了,让她的朋友罗玛·马隆来这里住。罗玛非常活泼外向,她总是满怀兴奋,立即就把我吸引到了她的世界。我们第一次见面的时候,她邀请我进了小屋,让我看她是怎么布置这个地方的。她非常热情地示意我上阁楼,于是我爬上了粗糙的梯子。当我到达顶端时,眼前的景象让我震惊得几乎跌落下去:整个阁楼里贴满了我在雪莉那里看到的瑜伽大师的照片。

这有可能只是巧合,但在美国大陆的左右两头居然发生了同样的事。1973年的时候在美国可没有多少人知道这个印度的圣人,感觉好像他在跟着我一样。罗玛立刻对我说巴巴正计划明年春天到美国来,我应该邀请他来盖恩斯维尔。开始我觉得我们只是随口胡说,但后来我意识到她是非常认真的。我深吸一口气,试图说服她。我提醒她,我独自住在树林中,多年以来都努力地想要避开人们的注意。如果我写信去邀请这位深受敬重的瑜伽大师来我们这个佛罗里达州中北部的小镇,那我将会面对什么样的处境呢?她觉得我完全没必要有这些顾虑,并且坚持说我可以用圣达菲社区大学的信笺纸写信,邀请巴巴在他从亚特兰大到迈阿密的路上在盖恩斯维尔停留一下。

我觉得这个想法太疯狂了,我的理智一直告诉我这是不可能的事。写信寄到印度这种事让我觉得难为情,但我还有别的选择吗?我或者遵从内心对此事的抗拒,或者认识到是生命让我接触到了这位伟大的瑜伽士。它让我坐在他的照片前有了一次深刻的体验,现在又安排了这样一位狂热的信徒在我的土地上迫使我邀请他来盖恩斯维尔。最终,我投降了,寄出了那封信。

几个月后我收到了回信,说有人会来我家和我讨论盖恩斯维尔访问的可能性。当那人到达时,我很吃惊地发现那是一个穿着相当职业化的年轻人。很明显,对于见到我这样一个独自住在树林里的嬉皮士人物,他也很意外。显然他对眼前所见不以为然,随即开始对我解释说,要邀请巴巴到这里访问就得为他和随行人员安排一周的接待。这将需要为他的大约20个工作人员提供各种设施:一间可容纳50到100人的屋子,以供那一周期间人们的日常训练;一个可以容纳多达几百人的周末静心营地。他相当怀疑我安排这些的能力。这也难怪,我只是一个月薪350美元的社区大学兼职教师,这并不是他们期望的资历。

最后他说我可以试试看能做一些什么样的安排,他们之后会再联系我。这听起来希望不大,但至少我并没有被完全拒绝。在他离开之前,我问了一个重要问题:如果他的团队想让人们对巴巴感兴趣,那在这次世界巡演中他们将怎样宣传他呢?因为我觉得一个不会英语的印度圣人也吸引不了多少人。他回答说巴巴是一个非常强大的悉陀大师，人们会想见他的。对这个回答我不甚明了，但我相信以后会知道。

又过了几个月，我们被告知巴巴可能会经过盖恩斯维尔的暂定日期：1975 年 1 月 18 日。这位享誉世界的瑜伽大师的可能的到访让我相当兴奋，这种兴奋之情又加速了课堂与周日仪式的能量。每周都有新的事发生，直到我又被迫扩建了房子以容纳更多的人。1974 年的春天，我的书《追寻真理》出版了，这种能量变得更大了。

那年春天罗玛和桑迪都离开了。桑迪的小屋一直空着，直到一个名叫唐娜·瓦格纳的年轻女子搬了进来。她来我圣达菲班上旁听时正是大学最后一年。虽然并没有比班上其他学生大几岁，她却总是更加成熟、精力集中。她对于我讲授的内容有深入了解，很少缺课，还坚持参加每周日的瑜伽仪式。在她搬进小屋之前那一年，我们总是在镇上不期而遇。我们不停地遇见对方，以至于我开始寻思这到底是怎么回事。

桑迪离开后，唐娜开始协助组织周日的团体。她常会在周六晚上待在桑迪的房子里，以便周日早上能够帮助安置、迎接人们。后来她干脆就住下不走了。如果我知道她是从父母为她购置的漂亮公寓搬到这个树林中的没水没电的小木屋的话，可能我不会这么快就让她搬。如果我知道我们注定会相爱、结婚，一起有个漂亮的女儿的话，我绝对不会让她搬进来。我还得再花几年时间才能学会臣服，才能够放弃精神上的自我概念，接受生命为我安排的特殊关系。

第 22 章
圣能传递

— * —

如果要组织巴巴的这次到访，就得打点好很多事情。我们都没有相关经验，所以只能边做边学。首先，我们在奥卡拉国家森林找到了一个夏季营地，这地方只要不是在旺季就有足够的空间可供轻易举办大型的周末静心活动。然后我们又放出消息，我们需要一个很大的房子来安置巴巴的 20 个工作人员以及举办工作日的冥想课程。作为一个大学城，盖恩斯维尔并没有多少大豪宅，但有人联系我，为我们提供整个一月份最合适的房子。事情正在渐渐成型。

决定事情成败的关键是周末的静心活动。如果报名人数不够多，巴巴就不会来。唐娜和我不得不打几百个电话以及在全州范围内发邮件，以招徕足够的人。在家里装上电话，然后将之作为写在所有传单上、留在电话信息里面的联系电话，对于我来说是一种艰难的臣服。我们满怀激情地发布消息，随后也从全州各地得到了很多回应。

有好几年我都以为灵修生活就是要每天在沉默和独处中度过，

如今我却在忙上忙下地做这所有的工作，然而现在的我感觉比以前任何时候都更加开放，与能量流联系得更加紧密。我仍然坚持早晚的冥想，中间的时间就用来授课，以及忙碌关于让巴巴来盖恩斯维尔的事。我的臣服如此深入，生命之流已不再是我选择屈服让步的东西了，它已经控制了我的生命。它已经从巧妙地引导我变为掌控我。我的大脑不停地告诉我说，当这一切结束后，我就会恢复清净的生活方式。和以往一样，我的想法是错的。

在巴巴到盖恩斯维尔之前，我们收到了参加他12月在亚特兰大城外举行的瑜伽静心营的邀请。我想见见他，而且如果能知道他下个月来盖恩斯维尔的时候大概会是个什么情况，应该是件好事。于是我们一行6人坐进我的露营车，一路向北。到达静心营的时候，我们被带进了一个大厅，里面有50到60人。就这样我这一生最紧张的4天拉开了序幕。

我还记得和巴巴一起的第一次冥想练习。我们被告他会在我们冥想时在人群中四处走动。房间很暗，我什么都看不见，但在某一刻我感觉身后有一个强烈的存在。这感觉越来越强烈，直到我意识到那就是巴巴正站在我身后。他摸了摸我的眉间，那也是我一直感觉到能量流的地方，然后他就走开了。

我们每日会有两次冥想训练，每次巴巴走到我身后时，我都一定会感觉到强大的能量，但效果也就仅限于此了。整天都坐在那个房间里是很难的，我会试着冥想以得到一点隐私，但很难进入自己。我的冥想不但没有更加深入，反而整个人都被困住了。其实那也是我一直以来的感觉，整个人宕机了。我迷迷糊糊，无法思考，浑身都疼，脑袋里那个声音简直让我发疯。我想就这样坐等结束,却如坐针毡。

这种情况一直持续到静心营的最后一天。毫不夸张地说,我是非常困惑的。最后那天早上,我想也许是我自己对于与巴巴的关系不够诚恳。我来到这里想要向一位伟大的心灵导师致敬,但他并不是我的导师,尤迦南达才是。我打定主意,最后这天要放开那种想法,完全臣服于眼前的经历。

当大家在大厅前面练习时,我坐在自己位置上,开始念巴巴的咒语。我不住地念着唵南嘛湿婆耶,在自己意识到之前,很快就进入了深度冥想。外面的一切声响都停止了,脑海里的杂音也消失了,我进入了一个以前从没到达过的内心深处。我感觉心如同一个巨大的洞穴在爱着我、保护着我。我全然陶醉了,同时又很平静。

很快又到了晚上冥想练习的时间,巴巴总是会在这时来回走动,点拨大家。我发觉自己又被拉回到了内心深处那个非常宁静的地方。冥想的时候,我感觉巴巴在身后向我走来。他身上散发着强大的能量,即使闭着眼面朝前,我仍然能感受到他手上的能量在向我的头部传递。当他的手掌到达我头顶上方时,我感到好似有上万伏电压从我的脊柱底端弹向他的手。这一切的发生疾如闪电,一瞬间我脱离了自己的身体。我,那个住在这个躯壳里的人,那个用眼睛看、用耳朵听、用意识去注意思想和感情的我不再坐在那儿,也没在做这些事了。我极度恐慌地试图用尽全力,想要抓住与身体的联系。刚才那股极强的能量将我驱出了自己平日的位置。龙卷风试图将我吹出自己的身体,而我挣扎着想要保住性命。

无论怎样用力挣扎,我都没法将自己拖回那个身体。那是生死存亡的一刻,恐惧让你有了超人的力量。但这都无济于事,我无法与那股力量对抗。我完全不知道这一切持续了多久,但当巴巴觉得时机已到时,他用手摩挲了一下我的后背。就在他的手接触到我的背心时,一切都停止了。我立刻跌回身体,有了一些意识。我注意到的第一件事是自己的心脏——它不是在跳动,而是如蜂鸟的翅膀一样颤动。我脑中的第一个想法是:"这不妙啊。要老是这样的话,心脏可受不了。"这种想法在头脑中出现的那一刻,巴巴走到我面前,用手抚摸我的心脏,我的心立即恢复了正常。

我被巴巴的经验和力量震惊了。他是谁?怎么会对我的能量和代谢功能有如此的掌控?在他面前,我感觉自己如此渺小,我从未像此刻这样毫无负担。禁食、冥想、自我挣扎,这么多年以来我都对自己做了些什么啊?而这个人只需轻轻一点就可以让我产生如此的转变。那一刻我明白了什么是悉陀大师。巴巴并不属于这个世界,他完全来自另一个地方。

第 23 章

在盖恩斯维尔招待上师

— * —

我们一行受邀陪同巴巴和他的团队回到他们在亚特兰大的住处。驱车离开静心营时，我开始沉思过去几天发生的事。巴巴的一个工作人员告诉我，那种经历被称作夏克提帕特，意即圣能传递，是一种来自悉陀大师的特别祝福，会唤起内心深处强大的精神能量。当我们到达巴巴在亚特兰大下榻的大宅时，大家都认为我现在应该把巴巴认作老师。他们说一个人被活着的大师吸引是很常见的。我知道什么呢？所有这些都超出了我的认知范围。

我走出门想要独处一阵儿。对于昨天发生的事以及所有这些促使其发生的事件，我都深信不疑。我想起自己向生命之流臣服的承诺，虽然那时我也不知道到底是怎么个状况。我走下山坡来到那片无人的车库，感觉非常困惑，但还是准备感谢尤迦南达的指引。我闭上眼，进入了那个能感觉到与他的联系的安静之地。我的内心在仰视，仿佛想要道谢。突然间我上方的整个空间都打开了，成了一个无限的区域。意识和超意识之间的面纱仿佛被揭开，我立刻感到自己与一直以来所追寻的东西合为一体。对于我来说，这是一种前所未有的最强有力、最有启迪的经历。那种感觉只持续了一小会儿，但当我回过神来时，一个回音在我身体里说："你觉得自己是在跟谁告别呢？"此刻我感到尤迦南达的存在包围着我，从内渗透了我整个人。从那一刻起我就再也没有质疑过自己与他的联系。

当我走到主楼，回到唐娜和其他朋友身边时，看到他们正在为回家做准备。回到盖恩斯维尔时，我们都为几天后要接待巴巴而欢欣鼓舞。当他最终到达时，我简直不能相信他吸引了多少注意力。他所到之处全都座无虚席。那个时候巴巴虽然已不再年轻，但仍然日夜不停地做着讲座。哪里的人们邀请他，他就去到哪里。那时我仍然在监狱里组织灵修，巴巴的工作人员告诉我，他肯定也愿意去监狱。我们做好安排，然后就在一天下午陪他去了那里。囚犯们都很爱他，当巴巴离开时，他授意工作人员以后为他继续安排监狱访问。直到今天，人们也认为巴巴在世界范围的监狱访问始于盖恩斯维尔市外的联邦惩教所。

在盖恩斯维尔举行的周末静心营是巴巴这次世界巡回中目前为止规模最大的一次。我提前几天来到营地查看巴巴的工作人员还有什么需求。我注意到一栋宿舍楼的前门上有个 VIP 的标志，很明显这些房间是分给特殊的客人的。门上的一个名字引起了我的注意：R. 弗里兰德。雪莉婚前娘家的姓氏就是弗里兰德，而她哥哥的名字就是罗尼。我心想，"不可能"，然后就走开了。

真的在静心营看到罗尼的时候，我惊呆了。我们已好几年未见，但那并不影响我们的感情——我们就像亲兄弟一样。我们怎么可能

　　　　　　　　　　　　　　臣服实验

过着各自的生活却又最终回到了同一个地方呢？我俩完全不同，我在盖恩斯维尔过着简单生活，而他是芝加哥的一流大律师。我以身无一物为傲，而他有一辆法拉利、一辆哈雷，还有一架私人飞机。他住在芝加哥有名的双子塔码头的顶楼公寓里，家中客厅的环形墙上挂满了拿破仑的照片。他来这里和一个印度圣人在一起干什么？

原来是雪莉向罗尼介绍了巴巴，很明显他一见钟情。我和罗尼在静心营共度了很多时光，他甚至邀我陪他一起带巴巴和一些工作人员去迪士尼乐园。很明显罗尼和巴巴之间的联系相当特别。几个月之后我收到了巴巴在美国建立的新机构的来信，这时我才明白这种联系究竟有多特别：来信由机构的第一总裁签署，那就是罗尼·弗里兰德。我的思绪飞回到几年前和罗尼坐在沙发上经历的第一次觉醒，我俩的生活从此完全改变。

第 24 章

修 庙

— * —

我希望自己能说巴巴离开后，一切恢复如常，但事实并非如此。实际上我是在他走后才开始意识到与他的相遇对我的生活产生的影响。他就像一股风吹进小镇，永远更改了我生命的方向，使我从隐居走向了奉献。而这也是好事，因为盖恩斯维尔的灵修团体已开始焕发活力。每周日都有四五十个人到我这里来参加冥想仪式，其中一半的人只能坐在屋外的露天平台上。此外，越来越多人来旁听我在圣达菲开设的课程，尤其是我的第二本书《三篇关于宇宙法则的文章》出版后，更是如此。我的电话答录机不断收到来自全州的电话，人们称赞上一次的静心营，然后询问下一次会在什么时候开展。这是一个相当及时的问题，因为在上次静心营时，一位大学教授找到我，想让我们为他的导师，一位来自印度，被称为马塔吉的女士举办一个静心营。

生活给我的任务之多已超出了我的控制范围，但我还是对它臣服了。早晚的冥想是我的避难所。每天，我都抓住所有机会让自己安静下来,然后沉浸其中。每次上下车时我都会减缓呼吸,然后想象地球在外太空旋转的画面。在打开任何一扇门之前,我都会记住我是在浩瀚无垠的宇宙空间中穿过了这小小星球上的一扇门。幸运的是,那股流向我眉间的能量会助我将注意力集中在此。我渐渐意识到这种不断帮助他人的生活就是我曾梦见的"另一种方式"。在我走向觉醒的新道路上,生活不再是干扰我成长的障碍物。如今,生活已成为战场,在这里,我将保持足够清醒以心甘情愿地去除那个过去的自我。但需要说清楚的是,我身上仍有很多有待克服的阻力。

我不断朝着为马塔吉举办静心营的方向努力。我从没听说过她,也实在不愿那样做,但我还是臣服了。生命再一次为我准备了意想不到的东西。在距静心营开营还有几天的某日,我和马塔吉一起在我的土地上散步,她突然停了下来看向树林。她一动不动地在那儿站了一会儿,然后轻声说道:"米基,这是一片非常神圣的土地,以后这里会有一座伟大的神庙,很多人都会来到这里。"我清楚地记得当时自己脑袋里有个声音在说:"除非我死了!休想!"然而,就在六个月后,宇宙神庙将会出现在树林中她看的那个地方。

马塔吉似乎就是被派来开始这段将我的独居之地转换为灵修中心的历程的。在静心营中她不止一次说米基的土地上将会出现一座神庙。每次她这样说我都感到厌烦。在下一个周日的仪式后,有人说如果要修庙那就得开始筹钱。一些人捐了一点钱,还有一些人说他们愿意出力以及提供一部分材料。我一点也不想在我的土地上再修一个建筑,但其他人似乎都很想这样做。幸运的是,如今的我已能驾轻就熟地跟随生命之流而忽略自己所想。

就在那个周日,我回到住处,拿出一张纸,开始设计这新的神庙。我只用几个小时就画好了平面图以及一个粗糙的立面图。我想让神庙的屋顶成为主要的建筑特色,于是我找到朋友鲍勃·古尔德,我们决定修一个蝴蝶型的庙顶。这种蝴蝶型屋顶不同于传统的屋顶设计,因为它中间低而两头向上倾斜。而从神庙里看,这裸露的横梁天花板将是一个独特而动态的结构,看起来就如同巨大的翅膀向天空展开。

我设计的神庙能提供的座位空间是我的房子提供的座位空间的三倍。就在第二天我发现了修建的最好地点,于是开始清理现场。那个地方确实就是马塔吉看了好一会儿,然后宣称"伟大的神庙将会建成"的地方。我预计建庙的材料大概需要8 000美元,而劳力不是问题,大伙儿会一起来修。但常来参加周日仪式的人都没什么钱,我完全不知道这钱能从哪里来。

然而每当我们需要时,钱就会出现,我有时都不知道它究竟是从何而来。最接近停工的一次,我们的材料只剩一两块板子了。大家都开玩笑说山穷水尽的这一天终于到来了,我应该让他们回家。我告诉他们,只要还有一块板子,这一切就没有结束。我们开始休息吃饭,然后我去查了查邮件。我发现邮箱里有个信封,里面装了2 000美元现金,信封上没有署名,我到现在也不知道这钱是谁捐的。这种事不断地发生,一次又一次。整件事最神奇的是那些钱不但每次都出现在我们最需要的时刻,而且每次的金额也刚好是要进行到下一步所需要的。

就这样,神庙修好了,前后花了三个月,忽然某一天就完工了。

1975 年 9 月，我们第一次在新的神庙进行了周日仪式。人们都带来了一些对他们来说有意义的灵修物件作为礼物。一位宗教学教授带来了一尊美丽的木雕佛像，另一个人带来了一幅可以挂在圣坛上的耶稣画像。而我回家找来了我最喜欢的一幅尤迦南达的画像，自从我搬进新家开始，这幅像就一直摆在我练习冥想的地方。

慢慢地，神庙里开始有了代表所有宗教、圣人以及大师的东西。就如神庙屋顶的椽板一飞冲天，这神庙也属于那些将宗教作为无穷现实的人们。这神庙就在地球这个星球上，这小小的球体在空旷太空的茫茫黑暗中旋转。它围绕着另一颗星星旋转，而单单在银河系中就有几十亿颗那样的星星。这座神庙对所有宗教都一并接受，对宇宙本身也一视同仁，因此它最终被命名为"宇宙神庙"。

1975 年，正在修建中的神庙和它的动感蝴蝶屋顶

第 25 章

打开心之脉轮

— * —

开弓就无回头箭。因为一次次的静心营、我出版的书、课程以及神庙，我们在喜欢瑜伽的人们和新时代运动中变得很有名气。为那些访问的灵修导师们组织静心营可能就是我们应该做的事，因为我不断收到人们的请求。在神庙还没建成之前，我就接受了为另一个我从未听说过的灵修导师承办静心营的任务。仿佛命中注定，这位导师最终会成为我未来生活中重要的部分。

阿姆里特和其他印度来访者都不同。他已在美国生活多年，在北部有个大的灵修团体。当他到达神庙时，我吃惊地发现很多人慕名而来。参加第一晚集会的人完全占据了整个神庙。在强大的练习之后，我发现自己被阿姆里特的能量迷住了。我想要去了解这么多的能量是如何从他身上散发出来的，尤其是他从不触摸任何人。我厚起脸皮，盘算着既然他是我们的客人，我就应该保证他被照顾好，于是我深吸一口气跟着阿姆里特走进了一间客房。他似乎正在冥想，因此我轻轻走过去，挨着他坐了下来。

我一坐下就仿佛感受到了他的感觉。我体内的能量流显著增加，仿佛掉进了爱之海洋。这是一种深层次的灵修体验。我们就这样静静地坐了一阵儿，然后他转向我说："我只会这样做一次。"他将右手放在我额上，我立刻感到他温暖的能量温柔地传进了我的身体。这能量超级强大，而我因这美丽的经历变得呆若木鸡。我还能够感到能量在体内聚集，离心脏越来越近。这能量将我的心越填越满，直至爆开。我这一生中从未感觉到这么多的爱。我完全被源自他手中的能量流控制了，它在我体内流过，而后从心脏开口处奔泻而出。当他把手从我额头拿开时，我已全身充满能量，身体无法动弹。当我试图站起来时，感觉有个强大的磁场附着在身体上。我开不了口，说不了话，只好沉默地离开了那个房间。

在接下来的几个小时里，包围我身体的能量场被慢慢拉回了心脏。我避免触摸任何东西，因为我注意到接触会压制到能量。最后外磁场减弱，内部能量流不变。一个通道在我心中被打开，一股温暖的能量流不停地从中穿过。正如之前在森林里的冥想留下了一股总是向上升至眉间的美丽能量流，阿姆里特的手之触摸留下了通过我心的美丽能量流。到现在这两股能量流已存在了 35 年，而它们一刻也没有消散过。这些能量流在某些时候会更强一些，但它们总是在那儿。阿姆里特之手的轻轻触摸永远地开启了我心的脉轮。

仿佛宇宙早已做好安排，阿姆里特的到访对我们的生活还有另一个长远的影响。马塔吉提出了在我的土地上修建神庙，而阿姆里特则鼓励人们每日定时到神庙进行冥想。他事先从未与我谈过这事，因此当他不断说服人们到我这里来进行日常练习时，我简直快气死了。这个臣服实验正在偷走我的生活。对于我来说,早晚的冥想时光是不可侵犯的,我完全不愿与其他人来分享它们。阿姆里特不但邀请其他人来,还明确地告诉我应该每日早晚与他们会面以支持他们的练习。生活再一次没有征求我的意见,它只是向我发号施令。

我提醒自己多年以来我已尽力试图摆脱自己,我已下定决心想要找到一种不以自己的想法为导向的方式。与他人分享我的冥想时间不过是即将展开的生命之舞的下一步。现在我看到了一个模式,那就是我在不断地被推向一种帮助他人而非自己的精神成长的生活。我绝不可能有意识地做到这些事,做出这样的决定需要更加聪慧无私。这一切都只是因为我决心向生命臣服,而现在生命将我带到了此处。

在建神庙的时候,我的大脑不停地告诉我这件事很愚蠢,人们周末到我这里来不过是一种终将消逝的一时狂热,很快我的土地上就会只剩下我和空荡荡的庙宇。但我还是无视脑中这些负面的杂音,不停地修建。后来当每日早晚神庙都被人们使用时,我不禁又回想起当时的想法。而现在一切都尘埃落定,我能将其看得更加清楚。35 年以来,每个周日都会有七八十个人来到这个林中的庙宇。我们从未大张旗鼓地宣传过,甚至在路上都没有标出任何标记,但人们还是会每周都来。同样,也总是有人出现在周、周四的晚间会谈和每日早晚的冥想练习中。生命似乎完全知道自己在干什么,而和往常一样,我的大脑一无所知。

　　　　　　　　　　　　　　　　　　　臣服实验

第 26 章
带你去修行处

— * —

1976 年 3 月，宇宙神庙正式成为联邦承认的非营利性组织。我签字移交了自己的 10 英亩土地、神庙以及我的房子和唐娜的小屋给它。现在除了露营车我再次一无所有，这也是我所追求的生活。我快 30 岁了，财政状况相当简单，年收入不超过 5 000 美元，没有财产，也没有贷款，想要的东西都是用钱买不到的。不用处理财务正合我意，我想要思绪安静下来，而保持简单的生活对这有帮助。阿姆里特的团队提出分给我 15% 的静心营利润，但我拒绝了。我们从其他静心营中也并未获利，坚持不营利的状态是美好的。

阿姆里特的来访并不意味着静心营或者访问导师的事就这样结束了。我们的地址和电话已经在新世纪团体中传开，那些来佛罗里达巡回访问的人大都会顺道来我们这里访问，至少也会做一晚的讲座。[1]

---

① 举个例子，1980 年，一位禅宗导师在路过盖恩斯维尔时要求顺便拜访，一起吃饭。当我到了见面地点时，我惊奇地发现在座人员之一是《禅之三柱》的作者菲利普·卡普乐。生命之流奇迹般地给了我机会，让我可以感谢他为我的灵修之旅提供的巨大帮助。

好几年来我们都为马塔吉和阿姆里特分别举办一年一次的静心营，还为一位非常受欢迎的美国灵修导师拉姆·达斯举办过两次大规模的静心营。

现在唐娜已成为我生活中不可缺少的一部分。一个人的精力是不够做这么多工作的，而她就是我的完美搭档。除了准备周日的仪式，她还处理所有关于静心营的厨房事务。她甚至还让我把电话移到她的房子以便她处理关于神庙的事。唐娜和我在一起的时间越来越久，一种极大的爱在我俩之间流动。过去几年发生的事不仅发生在我身上，也实实在在发生在她身上。这在我们两人之间形成了一条强大的纽带。1976年夏天，我们决定正式结婚。

再婚的想法对于我来说并不那么让人自在，我仍然坚持一个观点，那就是所有外在的活动都只是暂时的。我应该很快就能回到只有冥想和瑜伽的日子。与唐娜的关系迫使我放弃自己对于事物原有的想法。我本不再渴望爱情或婚姻，强大的生命之流却将两者都带给了我。幸运的是，唐娜本身就是一个一切以精神做主的人，我们都很享受自己的独处时间，即使结了婚我们也还是想分开住在两栋房子里。

事情似乎发展得还不够快，结束7月去阿姆里特处的新婚旅行，回家后，我们生命的另一个阶段又展开了。自从我们开始在神庙中进行早晚仪式，似乎就有人定期住在庙里的客房中。我们回家时发现，在我们离开的这段时间一直都有人住在庙里，而且一位名叫拉达的非常真诚的寻求者就住在我的房子里。就像几年前桑迪那时一样，没有人说过要搬进来，他们直接就出现在了这里。唐娜和我刚刚拜访了一个灵修社区,而现在看起来我们就应该住在那样的地方。

事实上,我做梦都没想过要开办一家灵修中心,事情的发生不过是在向生命之流臣服。尽管在发展过程中的每一步,内心都仍有抗拒,但我还是一直坚持放手。那时我并不认为自己想与他人分享我的独处之所,但那是因为我尚未懂得为人远高于为己。四十多年后的现在,人们有时会问我是如何开始建立神庙社区的,我会怎么回答呢?我心知此事并非我所为。我能给出的最好回答就是自己曾放手自我,让该发生的自然发生。

第四部分

———— IV ————

臣服这件事

第27章
一个公司的诞生

— * —

1976年12月，又一件可以集中体现臣服实验的精髓的事发生了。犹豫不决地去辅导艾伦·罗伯森、在圣达菲教书、邀请巴巴来盖恩斯维尔，这些事已经改变了我生命的方向。而我将被要求去做的下一件事看起来似乎也与我的既定道路很不相同，但它最终也会如之前的那些事一样符合我命运的走向。

那日我刚从圣达菲上完课回家，正在树林里安静地散步。我转过那条通向神庙前的窄路，眼前的景象让我停下了脚步。庙前停着一辆治安巡逻车，车旁还站着一位穿着制服的副治安官，这看起来很是吓人。这么多年以来我从未见到有人在这里执法。副治安官问我："你是这里的负责人吗？"我脑袋里那个声音慌张地想要搞明白到底是怎么回事。"这副治安官怎么会在这里？是不是出了什么事？他是不是看到庙里所有那些奇怪的宗教画像了？这可是佛罗里达中北部，我是不是有麻烦了？"

尽管有这些内心的杂音，我还是尽力用相当正常的声音开了口：

"是的,先生,我就是负责人。有什么能为你效劳的?"这位名叫诺尔斯的副治安官指着庙子问我是不是修了这座神庙。当我告诉他是我修的时,他问我可否考虑在他房子旁也修一座。看来他似乎很喜欢这由雪松建成的田园风味的神庙,对于里面的木工活的印象也很好。他一直想找建筑工人来把他的车库封闭、改造成居住的空间。

我简直哑口无言。我从没想过还有这种事。是,我确实在自己土地上建了几栋房子,但我从未想过为别人建,更不要说为公职人员建,比如副治安官什么的。我就这样站在那里,脑袋里是两种截然不同的反应。开始的时候,一个声音说:"没门儿,我才不要做这个呢。我很忙的呀,还有圣达菲的工作得干呢,再说我又不是建筑工人。"然后一个安静平和的意识出现了,它一个字也没说,但它深知我向生命臣服的誓言会让我明白这最终会是怎么回事。我深吸一口气看着那警官说:"好的,很高兴能帮你。"我就是那样说的,就像以往几次一样。现在我就会看到这次新的臣服会将我带到什么有魔法的"兔子洞"里去。

副治安官诺尔斯是最适合派给我第一份建筑工作的人。他很清楚自己想要什么,还为我提供超出建筑成本的资金。当然这也是基本条件,因为我无法给他报出一个确定的价。根据我那时的一贯收入,我知道自己做这份工作的报酬相当低廉。我需要一位助手,神庙的一位新房客拉达自愿充当了这个角色。拉达还在念大学,现在是圣诞节放假期间,她向我保证会用榔头,也能搬重物。我们系上围裙,开车到镇上开始建筑工作。

这个不请自来的工作成了我后来的以爱而筑建筑公司的开端。

臣服实验

诺尔斯非常喜欢我们建成的房屋,四处告诉朋友们这件事。很快我就开始为阿拉楚阿县治安部门的很多警官以及员工们进行房屋改造。我那时仍留着马尾辫,总穿着凉鞋工作,但大家对此都无所谓。拉达只能做兼职,所以很多事我都得自己做。我安装壁炉,改建车库,加建阳台。我对待每份工作的态度都仿佛那是宇宙教给我的一样,的确也是。正如静心营教会了我帮助他人,为这些超级棒的人们工作也是我灵修实践的一部分。我被赐予机会将欢乐带到人们的生命中,在这之前我甚至都不认识他们。我实在是很喜欢工作的这个方面,让我白干都开心。但当时发生的事并不是这样,我将学会接受报酬、做生意。生命正让我对自己精神上的自我意识放手,而我有意识地还不想让它被另一种想法取代。我只是全心全意地做着自己手中的事。无论是在圣达菲授课、在神庙的早晚仪式上会见人们,还是开办灵修静心营、做建筑工作,这些事对于我来说都是完全一样的。所有这些事有一个共同点:它们都是在我向不可思议的生命之流臣服后才被交到我手中的。

第27章 一个公司的诞生

第 28 章
建筑大师

— * —

当有事注定要发生时,看着事情一件件展开是非常神奇的事。首先,我必须处理流入的金钱。这都是小型的家庭房屋改造工程,但它们带来的利润比我之前所需处理的金额要高很多。拉达有一些记账的经验,她以前在暑假时都会去佛罗里达农业局的财务部帮忙,她父亲是那里的头儿。我从没见过有人在用计算器时指头比她飞舞得更快。大学时我辅修过财会,于是我俩一起管理公司账务。我可以想象当我打电话过去咨询如何开公司时,我的姐夫、注册会计师哈维是有多惊奇。他填好成立以爱而筑公司所需的文件,并主动提出帮忙检查账本,以及处理年度纳税申报的事务。这一定是这世界上拥有注册会计师的公司中最小的一个。跟以前一样,这一切看起来似乎有点过头了,直到下一个不可能的事件发生。

在公司成立后不久,周日的仪式后大家在室外见面。每次在吃茶点之前大家会围成一个大圈,宣布一些社区相关事宜,这是我们的传统。在那之后一个男人找到我,说他听说我在做一些建筑方面的

臣服实验

工作。我承认后，他又问我想不想要一个施工许可证。我们迄今所做的所有工程的许可证都是由屋主提供的，但如果有更大的工程出现的话，拥有承包商许可证将会是一个有利因素。于是我告诉他，我对此很感兴趣，而他说他就有那个许可证，我可以拿去使用。这人看起来像个嬉皮士，我完全无法想象他是一个有许可证的承包商。于是我问他这许可证从何而来。他告诉我说几年前有一段时间在州和县的许可证授权机构间出了些矛盾，所以那段时间任何人只要填好文件就可以得到承包商许可证。他就是那样做的，所以他现在有一个有效的许可证。这事简直神奇得让人难以相信。第二天我给县里的机构打电话询问那人给我的许可证号码。工作人员告诉我说这许可证的确有效而且信誉良好，只要启用它，我就可以自由地做任何工作安排。

如果在此之前生命的流动还不够让人印象深刻的话，那么我现在已是一位注册承包商这一事实一定可以改变大家的想法。这是一件有益的事，因为我很快就要在神庙旁做一个特别的建筑项目。那个时候唐娜居住的那间 16 英尺长、12 英尺宽的小屋对于她和将要出生的孩子来说已经太小了，就在几个月前我还没有钱来扩建她的住所，而我所臣服的完美宇宙之流却在我还未明白过来之前就安排好了一切。我们一直没有改变简单的生活方式，因此以爱而筑公司所赚的钱就可以全用于寺庙的土地上。我打掉了小屋的一整面墙，将原有建筑扩建，于是小屋有了足够的空间放摇篮，还有一个不错的卫生间。

我们的女儿杜尔迦·德维在 1977 年 8 月出生了。阿姆里特、马塔吉以及其他很多人为她送来保佑健康、繁荣和灵性的传统礼物。她就出生在这个灵修团体当中，看着她如何长大将会是一件非常有趣的事。

你可能以为现在是时候安顿下来，消化所有发生在生命中的变化的时候了。我在生活中一直量入为出，即使是在圣达菲当兼职教师，每月挣350美元时也一样。而现在以爱而筑能为我带来每月几千美元的额外收入。我应该没有必要去挣更多的钱了，至少我当时是那样想的。但一种模式似乎已形成，那就是每当我以为一股能量流完结的时候，实际上它却刚开始。幸好我是在跟随能量而不是引领它，因为宇宙计划之广阔远非我的头脑可以想象。

在杜尔迦就要出生之前，我接到一个商业机构打来的电话，他们想要把盖恩斯维尔的贩酒店改造成一个服装店。我还从未做过这样的商业工作，但公司的许可证是涵盖了这个业务范围的。那个时候我已有工作团队做好大部分工作，而我只需要开着皮卡车当我的承包商就好了。我接下了这份工作。正要开始动手干的时候，有趣的事发生了。主管开店的女士致电给我，坚持让我立即过去开会。我到达后，她解释说他们改主意了，想要再加一些改建内容。我提出价格也应随之变化，她却很生气地说她不管价格怎么样，只想我尽快完成工作。眼看她越来越激动，我开始集中精力默念咒语以平息呼吸。即使在那个时候，我也仍将工作看作一个放下自我、保持精神平静集中的方式。于是我有礼貌又半开玩笑地问她，是不是想让我立刻开车去工地，让员工们停止手中的工作，马上开始着手新任务。哪知她回答说："我就是想要你这样做。"那一刻我知道自己有麻烦了。我只好说那样做的话开销会相当大,而她却毫不含糊地告诉我,他们时间非常有限,这整个工作期间会需要我付出很多,但只要该付的钱,他们都会付。于是我向她保证,我会尽全力解决所有问题。

整个工程期间她不停地改变计划,还想一切要求都立即被满足。但同时她也不停掏钱,好让我有足够的动力做事。尽管有这种种变更,我还是只花了她们原定时间的一半就完成了工作。把奖金、加班费、变更费加在一起,我在短短四周之内就净赚 35 000 美元。我至今还记得那个数额,因为它比我之前每月几千美元的收入不知高了多少,而且接着又发生了下一件事。我接到邻居打来的电话,她拥有的那 5 英亩土地与我们的土地接壤。她有两栋尚未完工的简陋小屋,而现在想要搬走。她告诉我如果我能交出她要求的预付款的话,我就可以以 37 000 美元的价格买下她的土地。

我刚刚从那份奇特的工作中挣到差不多一模一样的数目,这个事实带给我的震撼和敬畏之感很难用语言描述。我看到了自己余生都不会忘记的同步流。将神庙扩展出最初的 10 英亩土地是否本就是宇宙计划的一部分呢?对此我无甚兴趣,甚至都不曾想过。但这笔钱就在这里,显然这就是它的用途之所在。这一切都与我无关,我只是一个中间人,一个管理员。我并不觉得这是我的钱,因为我从没有主动出击为以爱而筑寻找工程。这些工作的出现都是因为人们口口相传,我也尽力为他们服务。我现在要做的就是放心地将这笔钱以寺庙的名义用于购买邻居的土地和房产。

第 29 章
社区银行业务

— * —

在我和拉达完成诺尔斯副治安官的车库改造之后不到一年的时间内，以爱而筑公司的规模已大大地发展起来了。我得带领两个工程队，而拉达则全职做着办公室经理和会计的工作。我们的工作越来越多，接受的项目也越来越大。1977 年 9 月，就在那个服装店的工程之后，又一件命中注定的事发生了——一对年轻夫妇请我给他们盖房子。

迄今为止，以爱而筑一直做的都是改建工作，资金也都由屋主提供。而建房子则会涉及公司和银行之间的施工贷款。我已把所有财产都签给了寺庙，名下并无资产，以爱而筑的盈利也都捐赠给了寺庙，因此我和公司都无法提供要获得第一次建筑贷款的资产负债表。我当时的态度就是，如果我们注定要搞建筑的话，这事总会解决。

我为以爱而筑整理了一个文件夹，里面有过往工程的信息以及公司九个月以来的财务资料。我们目前的利润还不到 10 万美元，为了显示出我的建房经验，我把之前在自己土地上所建的房屋也列举了出来,然后把这个文件夹以及贷款申请一起交到了几家银行。而申请的后续事务就是去一家又一家的银行接受驳回的材料。我们的公司完全没有达到申请第一次建筑贷款的资料要求。

在决定放弃之前,我与生活玩了一个游戏。我决定再去一家银行试试运气,如果还是不行,那就说明住宅建筑不是我们该做的业务。我还记得自己当时坐在盖恩斯维尔市中心一家很不错的银行的大厅里,为了等一位信贷员,已经待了相当长的时间,但工作人员一直让别人排到我前面去。这很让人沮丧,但我特意集中精神,不让脑中那个声音对这件事的评判打扰我。我已经注意到一点,那就是做这个生意需要面对的情况与独居在树林中时所面对的世界完全不同,而这对于我的精神成长是很有益的。通过观察自己心智的不同部分被激发,我能够学会将它们放下。不知不觉,我已经非常自觉地把准备接受贷款被拒作为一次机会,来练习不被脑中的声音摆布。如果我向生命臣服的目的是摆脱自我的话,那我现在就正在这条道路上大步前进。

终于,那位在我面前安插了好多别的顾客的接待员让我跟她走了。但她带我去见的并非开放大厅里那群信贷员中的任何一位,而是带我走去一间可以俯瞰整个大厅的办公室。当她敲门时,我注意到门上的名牌写着:吉姆·欧文斯——支行行长。我吃了一惊,但接下来发生的事会让我更加吃惊。我应邀走进办公室,行长坐在办公桌后。他告诉我,虽然我的申请并未达到贷款委员会的标准,但他个人觉得本地银行应该支持本地企业。吉姆·欧文斯对我的申请很有兴趣,他甚至开车到过我的土地上,透过窗户对我的房子和寺庙进行了一番查看。然后他亲自去贷款委员会使我的申请得以通过。他今天在这里就是要告诉我，那2万美元的建筑贷款已经被批准了，但他是在冒险，而我最好不要让他失望。

我简直不知道该对他说什么。这些人——艾伦·罗伯森、罗玛·马隆、诺尔斯副治安官——到底都是谁呢？他们就如上帝派来的信使，专程来告诉我应该怎样过自己的生活：在圣达菲教书，邀请巴巴来盖恩斯维尔，开办以爱而筑，开始建造房屋。我唯一能做的就是感谢他，并保证我绝不会让他失望。

那对年轻夫妇非常开心，因为我们造起了一栋漂亮的小房子。现在，以爱而筑完全可以开始建造更大的定制住宅了。能够遇到像吉姆·欧文斯这样的人，我感到很荣幸。我以前从来都不知道一位银行的行长会这样全力帮助一个陌生人，尤其是一个住在灵修社区的陌生人。看来对于生活我要学的还很多。

如果我那时以为自己和吉姆·欧文斯之间的故事就到此为止的话，我就大错特错了。十年之后，在我已经取得巨大商业成功后，命运之手又让我们在最不可能的情况下聚到了一起。那晚我和唐娜工作到很晚，决定休息一会儿。电视里也没有什么好看的节目，于是我开车去了之前在盖恩斯维尔北面发现的一家录像带店。值得一说的是，我平日很少在晚上进城。除了收银台后那个人外，店里没有别人。在我浏览店内的录像带时，无意中听到收银员和别人在电话里的谈话。他告诉那人他去银行申请过流动资金贷款，但好像银行并不愿意借钱给一个小录像带店。那个人看起来似乎有点面熟，但我就是想不起他是谁。结账时，我一下子记起来了：收银台后那人就是吉姆·欧文斯。

　　吉姆也认出了我，我们聊了聊上次见面以来这十年间发生的事。他告诉我，他已经离开了银行，现在正在做自己的生意，想成为一位企业家。我抱歉地告诉他，我听到了他关于贷款的谈话，而我对于他过往的帮助一直铭记在心，我想知道自己是否能帮得上忙。听到我的话，他显得非常意外，但最后还是告诉我，他需要 2 万美元的贷款以应付升级店铺的开支。这笔钱和十年前他为我提供的那笔贷款数额一样，而那时我们的角色是互换的。我不敢相信这件事就这么发生了。我出现在店里时，银行刚好拒绝了他的贷款，而我刚好又听到了他的电话，这一切事情发生的概率能有多大呢？仿佛十年之后我就是被派到这里来报答这个人的善举的。不用说，能为他提供贷款，我倍感荣耀。

第 30 章
不断扩大的宇宙神庙

— * —

1978 年春，以爱而筑已开始修建很不错的定制住宅以及做较为大型的住宅改建。那个时候我停止了在圣达菲的教课工作。校方曾请我留下，但要求是要做全职教师，并且所有课堂上都要使用标准的社科教材。那并非我的唯一选择，因为生命已经为我安排好了一份全职工作。那时我已经开始将工作重心过渡到公司，在这个过程中，我没再经受之前在生活发生变化时自己精神上的抗拒。这次生命中的过渡如蛇蜕皮一般，就那么自然而然地发生了。

在离开圣达菲社区大学后不久，我开始受雇为汤姆·詹金斯建一座漂亮的房子，他是职业高尔夫巡回赛（PGA Tour）的一名职业选手。他买的那块地皮就在神庙下的那条路上。我们两家的土地之间只隔了另外一块地皮。对于我来说，这是个奇迹：我要在离自家不远处建一座最漂亮的定制住宅。如果我当时认为这就很特别了的话，那不知道某一天我发现自己会拥有那座房子的时候会有何感想，而它将会成为一些寺庙居民的完美家园。

臣服实验

这引出了一个有趣的话题：宇宙神庙的扩展。在 1978 年底，寺庙的这块土地上住着六七个人。我们会向每个居民收房租，钱并不多，主要是为了保证没有人是为了占便宜才住在这里。以爱而筑教会了我们如何以正确的方式管理一个小公司，拉达又用同样专业的态度来管理寺庙事务。

就像命运事先已安排好了一样，那个住在唯一有厨房的小屋里的人很爱烹饪素食作为晚餐。很快，大家都开始经常去那个小屋吃晚饭，我们也在那里庆祝节日或生日。这里渐渐变得像一个公社一样。住在这里的人们只需要参加早晚的仪式以及缴纳房租就好了，这不算什么难事。他们也尽力不让自己被脑中无休止的杂音干扰，这事儿就难多了。

一直以来，以爱而筑挣的钱似乎每次都刚好够用来买周围要出售的地产。我在跟生命玩一个游戏，游戏的规则就是，如果周围有邻居要出售地产，而我们又有足够的资金用于购买，那我们就一定会买下来。接下来的事情就很有意思了，我们可以坐在一旁看到底谁会出现并在这些房子里住下来。

关于人们最终是如何留在寺庙里的故事都很神奇，而这些故事对于我向生命之流臣服的意愿也产生了深刻的影响。这些人们仿佛是被仔细挑选出来的，然后在他们和我们精神成长的适当时机出现。这其中最让人震惊的可能是一个最后在这里待了几年的学生的故事。我还记得第一次见到她时是在冬季，我还在圣达菲教书，那时我的聘期已快要结束了。我走进一个班的教室，学生们正在抱怨室内太热，让他们觉得困倦。于是我打开一扇窗，开始挥手往内挥入新鲜空气。很快，一个我没见过的学生进了教室，找到座位坐了下来。我的课上经常有没注册这门课程的学生旁听，因此我不以为意。当这个学生出现在寺庙，开始参加冥想仪式时，我也没多想。她对于自己的灵修相当真诚，最后搬进了寺庙领地里的一栋房子。好几年后她才告诉我，她早就想去听我的课了，但她太害羞了。她告诉我，她非常感谢我能在那个寒冷的冬日，当她在人行道上犹豫时，打开窗户挥手让她进去。说这话时她的眼眶浸满了泪水。我听到她这么说时很是震惊。当我告诉她我的版本的这个故事时，她才意识到是生命之手示意她要克服恐惧，走入那间教室。

类似的事时有发生，我也全心为生命力量的展开而服务。事实上，如果你在1978年底问我，我会告诉你，我已经将整个生命完全臣服于宇宙之流，而它也占据了每个时刻。它教我如何在工作的同时坚持有规律的灵修，以及如何支持他人也这样做。它教我如何成立并经营一门成功的生意，并让它支持这个不断扩大的灵修工作。它还教我如何通过赞助主要灵修人物在全州范围内的静心营，以及为那已增至12名的特别又真诚的探索者们提供一个家园来服务他人。我认为这个工作是可以呈直线增长的，从未想到我目前所见根本不算什么。将来的事会远远超出我的理解，而我目前为止所学到的，不过是下一步将要发生之事的基础。没人会料到在我的臣服实验初级阶段发生之事将会成为燎原之火。

　　　　　　　　　　　　　　　　臣服实验

第 31 章
一个人的变形

— * —

在开始讲述 20 世纪 80 年代时生意的巨大增长之前，我应该先分享生活中的另一面，那就是我的监狱工作，它教给了我很多关于臣服的东西。无论多忙，我每隔一周都会在周六上午花上一点时间去监狱里。拉达完成学业之后也开始加入我。此外她还负责与狱友越来越多的信件往来，并为他们带去需要的灵修向导书籍。有必要的话，我会调整自己的时间安排，以免错过其中任何一次访问。

很难解释为何这些被关押在高度戒备监狱里的人变得对于自己的内心自由这么真诚。高墙困住了他们的身体，但除了他们自己的思想，没有什么能囚禁他们的灵魂。对于这一点他们认识深刻。我教他们冥想，教他们练一点瑜伽，但我们讨论的内容主要是如何放手自我。他们学会观察自己脑海中的那个声音，并且学会不要听从它说的那些废话。在我讲话之后，会有小组分享环节，有时候他们中会有人谈起一周之中那个声音让他做的蠢事。他会讲到那个短暂瞬间的意识，在那一刻他需要决定是听从那个声音还是置之不理。每当讲到这种故事时，那个囚犯就会笑说着在过去他会立刻做出那种破坏行为，而这一次他却可以不受影响。在听他们互相分享如何放手自我时，我的心都快融化了。生命让我意外地加入这些讨论，没有语言可以表达我对此的荣耀和感激之情。

大多数小组成员都是终身监禁在此，但偶尔其中的一些人也会被运到其他地方。那些长期待在联邦惩教所的囚犯之间会建立起深深的纽带，他们在精神生活中相互鼓励。在小组中通常会有一个人学习得特别深入，他会成为其中的领袖。我将讲述其中一个人的故事，因为他的故事能让人们对臣服产生深刻见解。

在 1975 年，我第一次见到大卫。当时我的小组正在联邦惩教所里教堂的楼上聚会，这时一个个头儿很大的人直接走到我身边坐了下来。他的个头儿跟全国橄榄球联盟里的球员差不多，就是个子大，并不胖。在我讲完话后，他走过来对我说："嗨，我叫动物（Creature），我是一个亡命徒（an Outlaw）。"我听说过亡命徒组织（the Outlaws），那是一个类似于地狱天使（the Hells Angels）的摩托车黑帮。我起身伸出手说："嗨，我叫米基。"那就是我与这位名叫动物的家伙的第一次相遇。

动物身上的衣服上写着：大卫·克拉克。自从那天起，他每次都参加我的课。小组里的其他人不是黑人就是西班牙裔，只有大卫是南方白人。我很好奇是什么让一个有这样历史的人留在了这个小组里。慢慢地我明白了他非常诚恳地想要进步以及在精神上成长。他开始要求看一些书。他看的第一本是尤迦南达的《瑜伽士自传》。几次访问之后，我发现动物总是带着尤迦南达的画像。我不知道该如

　　　　　　　　　　　　　　　　　臣服实验

何评价此人，他智慧且真诚，曾是这个国家里最暴力的摩托车黑帮里的一个头目，因为过去的所作所为在服着多重无期徒刑。但我可以告诉你，我对他有极大的爱，对于生命让我俩在他成长的重要阶段相遇感到无限荣耀。

大卫总会在课后找我问一些相当深刻的问题，这说明他花了很多时间冥想。事实上，从他与小组中其他人的互动，我可以看出他一直在为他那个监狱片区的狱友们组织冥想活动。就这样过了几年，大卫成了小组的领袖。大家都当他是朋友，也很尊敬他。

一天，大卫找到我，说有事情发生，那将对他参加小组活动产生影响。当局发现了几年前敌对黑帮成员的尸体，大卫和其他几位亡命徒组织里的成员将被指控。他似乎并没有因为这些事而心神不宁。事实上他告诉我，这是解决他过往业力的一种方式。他过去做过坏事，他想要这个机会来解决它们。在这种情况下，大卫平和而彻底的臣服让我自愧不如。

在开庭之前，大卫被关进了一个叫作"岩石"的监狱，那里的牢房都是高度戒备的。岩石原本的监狱片区在联邦惩教所，那个地方在1925年建成。岩石里的生活条件非常艰苦，1999年法院下令拆除了它。大卫在那里，是不允许他人探监的，但他写信告诉我说他每天都有几个小时在念经和冥想。

当阿姆里特安排好要为他的年度静心营而来时，大卫写信告诉我们，如果能够见到像阿姆里特这样伟大的瑜伽士，于他将会是一件了不得的事。大卫知道以他当时的情形，这件事根本不可能，但你完全可以从他的信件里感受到他的热爱。我把这封信给阿姆里特看了，并且问他如果我能够安排的话，他是否愿意去见大卫。阿姆里特从未去过监狱，但他被这封信以及大卫的故事感动了。他的回答很简单，那就是："我怎么会不愿意呢？"

我动用了我在监狱里的所有关系。这些年以来，我和监狱牧师的关系已经很好，而狱长也因为我们的捐款变得和我们很熟。在成立以爱而筑之后，我们每年都会捐赠几千美元来改进教堂和帮助牧师为犯人的需要服务。

最后我终于得到了让阿姆里特和大卫见面的批准。条件相当严格：大卫不能出监狱，我和阿姆里特得进入岩石监狱的关押区去见他。我永远不会忘记那天。阿姆里特穿着一件圣洁的灰白色长袍，走动时袍摆翩跹。走进大门时，我们都很安静，因为阿姆里特想要体会住在这里的感受。我永远都无法描述走入岩石的感觉。我们走过的那些侧楼的一边都是一排排装好铁栏的牢房，而另一面是石墙。到处都没有一点颜色。但我们要去的地方并不是那些牢房。我们被人领着穿过那些侧楼，到了一个没有窗户的黑暗区域，这才是岩石的关押区。接着我们被带到了一间光线昏暗的牢房，以前可能是用于会面的。那是一间单人牢房，屋中央有一个脏兮兮的马桶，除了一个又破又小的桌子和三把椅子之外别无他物。阿姆里特和我在这张摇摇晃晃的桌子边坐了下来，身边站了　圈警卫。

过了一会儿，大卫被带了进来。他手脚都戴着镣铐，但在我看来很美。我很高兴能和他再次见面，拥抱后我把他介绍给了阿姆里特。然后我们都在桌前坐了下来，大卫和阿姆里特面对面坐着。我们在那儿坐了相当长时间，大卫一直低着头。屋里的能量给人的感觉就

　　　　　　　　　　　　　臣服实验

和阿姆里特在庙里念完咒语时一样。它如此强烈，让人无法思考。在阿姆里特问大卫有什么感觉之前，大家都没有开口。大卫抬头开始说话，我这时才看清他的脸，眼泪顺着他的脸颊流淌，脸上散发着柔和的光。他低语道："我觉得我能感受到你有多爱我了，爱已将我完全包围。"那就是当日发生的所有对话。我们就这样静静地又坐了一会儿，看守就把大卫带回了关押处。我和阿姆里特也被带出了那个黑洞一样的地方。我们穿过牢房的侧楼，走出了岩石。在这之后，我们需要自己找到回大门的路。

　　当眼睛适应阳光时，我脑里只有一个想法。在这个地球上，人们住在很多不同的地方，有的在高处，有的在低处。而大卫住的那个洞，是一个孤独的关押地，是名副其实的狱中狱，这一定是一个人在这地球上所能到的最低之处，不可能更低了。然而他在灵修中显露的真诚却吸引了这星球上更高级的个体去到那个黑洞中。

　　我从来没有问过大卫那天他经历了什么，但他离开的时候整个人都闪着光。我又记起了阿姆里特将手放在我额头上那晚的经历。当我意识到我亲爱的朋友大卫在余生都将会拥有这强烈的爱的经历的时候，我感到了一种深深的平和。[①]

---

　　① 关于大卫：在审判中他完全没有为自己辩解，而是完全听命于法庭。根据他在狱中的表现，他被判刑期与现有刑期同时服刑。从根本上来说，这次审判并没有延长他的现有服刑时间。在这次考验之后，他很快被转出了联邦惩教所。我听说他在新的监狱赢得了"可信囚犯"的称号，在教堂里干活。那之后我们就失去了联系。

第五部分

—————— V ——————

无价之物的诞生

第32章

从个人到个人电脑

— * —

1978 年秋天,毫无征兆地发生了一件事。它改变了一切。这种事不是第一次了。回望生命并且看到其中的一些时刻决定了你的命运,是一件鼓舞人心的事。如果生命并没有给你那些时刻,或者你做出了与当时不同的反应,那结果又会怎样呢?随着时间的流逝,一切都将不一样。

当时我认为自己知道应该怎么做:尽力经营以爱而筑,然后用所赚的钱去支持那些通过寺庙完成的美丽工作。和以往一样,我错了,完全错了。生命为我准备的无论在规模还是范围上都要宏大得多。我怎么可能想象得到,自己最终会管理一个每年营业额为 3 亿美元、有 2 300 名员工的计算机网络公司呢?而且还不用离开阿拉楚阿的树林,或者停止我的精神追求。生命之流当中的事件是怎样促成这一切的呢?尤其是我目前为止还从未接触过电脑,对自己的经济状况也很满意。当我今天坐在这里,如果一定要回答这个问题,那我的答案就是**臣服**。我臣服的经历教我要活在当下,尽力不要让我的个人喜好为我做决定。事实上，我让生命的真实来决定应该何去何从。目前为止，它将我领向了一个神奇的旅程。对我生命的后 30 年，它还将做出一些非凡的事。如果你想知道这样的事是如何以完美策划的顺序展开的话，我将很荣幸地与你分享一个故事。

这一切始于平凡的一天。那日我去了一个睿侠电器（Radio Shack）商店，想为以爱而筑公司买点东西。就要离开时，我注意到一个看起来像是连在 12 英寸电视屏幕上的塑料打字机键盘。在这两个东西上有个标签，写着"TRS-80 计算机"。就像命运安排好的一样，我看到了市场上的第一代个人电脑。我是一个好奇心很重的人，于是走到显示器前按了几个键。按下的那几个键魔术般地显示到了显示器上。我这辈子还没见过这个呢。在大学里我是学过计算机入门课程，但我们也不过是在打孔卡上模拟，没有学生能被允许走近那些真正连接到计算机上的智能终端。

我完全被睿侠电器公司的这些设备迷住了，它开启了我内心某处，这只能解释为一见钟情。我站在那个机器前摆弄了很久。我输入简单或复杂的数学运算，然后看到结果就那样跳将出来，这让我感到非常神奇。我最终将自己从显示器前拉开了，但我知道我还会回来。自第一次与那台机器接触，我就感到了自我最深处内心的呼唤。除了向那个呼唤臣服，我别无选择。几天之后我回到那家店，拿出600 美元买下了他们最好的计算机。但那时我并没想好回家之后要如何处置它，我只知道自己注定要拥有它。

我的第一台计算机的型号是 Radio Shack TRS-80 I，只有 16 KB的内存，显示器是 12 英寸大小，用于存储的是标准盒式磁带，当时的计算机就是这样了。还附带有一个简单的用户手册，用以说明BASIC编程语言。除此之外就没别的了——你基本上还是得靠自己。

把计算机拿回家后，我立刻沉醉于学习编程命令，想看它们都能做什么。出于某种原因，对于我来说一切都很自然。我并不觉得自己在学新的东西，我感觉自己是在回忆一些之前就知道的东西。只要一在计算机面前坐下，我的大脑就会变得十分安静，那和进入冥想特别相似。能量会上升，然后优美地集中在眉心，我整个人都会笼罩在平和当中。很明显，我是注定要和这台计算机一起工作的，对此我毫不怀疑——我只是不断地向正在发生的事臣服。

在计算机出现以前，我已经有了两份全职工作：宇宙神庙和以爱而筑。为了腾出时间给计算机，我开始在晚上的仪式之后又去工作。我通常会工作到凌晨，在起床参加早上的仪式之前只能睡三四个小时。在使用计算机时我的灵感不断，根本不会感觉累。即使在那时，我已清楚地知道有什么非常特别的事情在发生。

我试着写一些程序，想要感受一下这东西究竟能用来做什么。几周之后我认为自己已经能写真正的程序了。我给自己的第一个任务就是为以爱而筑写一个计算机化的会计系统。什么都需要自学，那些睿侠电器商店的销售人员完全不懂编程，我也找不到任何人可以商量，只能靠实践出真知了。

一完成那个会计系统，我的编程工作就快速发展了起来。我已经和睿侠电器商店的经理成了朋友，每次我到店里去都会给他看我现有成果的打印件。他被我用计算机做出的成果深深折服，于是开始问我需不需要他介绍客户。令我吃惊的是，他最终确实也为我介绍了一些需要编程的人。突然之间我又有了一个新的生意。看起来简直让人难以相信，但这个小小的开端最终诞生了"个性编程"这个全国性的、价值好几百万美元的软件公司。

如同自从我决定跟随生命之流以来生命中的其他事件一样，个性编程公司也是自然而然就开始的。没有会议、商业计划或是风险投资家，与发生在宇宙神庙和以爱而筑身上的一样，我只是接受了挑战，要服务于那些迎面而来的能量。我从未离开树林，所有这些都不是我求来或要的。幸运的是，我是真的喜欢帮助人们。我不在意他们来找我是因为想学会如何让脑中的声音安静，还是想让我为他们建一座房子，或是写一个程序，这些对我来说都一样。我热爱编程，也爱用这个天赋来帮助人们。

起初我都是做一些小型的工作，完全不知道该怎样收费。我为一位佛罗里达大学的教授做了一个评分程序，收了 300 美元。我是一个完美主义者，在愿意交货之前把程序改了又改。从编程生涯最开始，我就要求自己写的每一行代码都尽了最大努力。这和我的收入无关，一切都必须做到完美。

1979 年时，我开始花越来越多的时间一个人待在房间里编程。当睿侠电器商店的经理提出要为我介绍客户时，我完全不知道后来会怎么样。现在我会接到来自盖恩斯维尔各个睿侠电器商店的电话，甚至一些远在杰克逊维尔的店也打来电话。很快我一个人就应付不了那么多需求了。学过经济的我自然懂得供需定律，我开始提高价格，但还是没用，工作还是不断找上门来。大概在那个时候，我开始注意到，似乎每一个工作都已被完美地排序，以使我进入编程生涯的下一个阶段。虽然我那时还是一个人坐在林中独自工作，但毫无疑问的是生命已经让我成为一名专业程序员。

我很快意识到写客户定制软件会花很多时间，对于我来说将一些现有的程序卖给客户，满足他们的需要更划算。我成了一个顶级会计软件包的经销商，那个软件出自加州一个名为"系统＋"的公司。我不记得为什么选了那个软件，回头来看，当时做这个决定一定是受到了什么启发。正如日后所见，我与那家公司之间产生了某种重要关联。

到 1979 年底，我卖出的会计软件包以及相关硬件和支持越来越多。我对客户非常周到，甚至系统＋公司也开始把客户介绍到我这里来。就像我在找上门来的工作中学会了所有编程技巧一样，这些新的工作也教会了我如何分析、执行以及支持不同规模企业的计算机化。

人们口口相传，消息像野火一样蔓延，对于我的产品和服务的需求不断增加。除了系统＋和睿侠电器公司的引荐客户以及我自己现有的客户之外，来自全州各处的企业也开始找上门来。但我还是一个人工作，而且仍然热衷于参加寺庙的早晚仪式。为了避免需要在别处过夜的出差，我放弃了一些工作。我完全臣服，将自己的灵修实践放在首位。我本可能一直维持那样的生活方式，但这时詹姆斯出现了。

詹姆斯·皮尔森是一个非常真诚的探索者，他刚搬进寺庙所在地的一栋房子。更棒的是，詹姆斯还有一本飞行员执照。一天他无意听见我说自己无法接受外地客户，于是提出可以开飞机带我去。

我们可以租一辆小小的单引擎飞机，詹姆斯提出的价格也相当合理。于是我们开始开着飞机去见那些愿意高价购买我的服务的人。那些客户一般都是一些高端企业，比如西棕榈滩的一个客户就是私人飞机经纪人。生命就如老师一样慢慢教会了我这个从不穿正装、来自阿拉楚阿树林的嬉皮士如何专业地与成功的商人们做生意。我成功的方式非常简单：全心全意做面前的事，不计较个人得失。工作的时候要像是在为宇宙工作一般，因为事实本就如此。

个性编程的工作总是让人兴奋的。现在我会坐着两座的小型飞机飞上云端。我常常会看着浩瀚天空，感叹自己如何一步步走到现在。我搬进树林避世，然后全身心地投入灵修。我从未离开树林，也从未退回到之前的生活。现在，一个在西棕榈滩，这个全美最富裕的城市之一的精品企业，请我飞去帮他们将企业计算机化。这已远超我的理解。我从未接受过相关培训。这简直是生活在童话里。

第33章

医疗经理的诞生

— ＊ —

个性编程已经成为一家成功的、只有一个人的公司。1980年的时候，我的姐夫哈维建议我为了债务目的组建有限公司。我还记得当时看来此举完全没有必要，但我还是接受建议在佛罗里达州注册了个性编程。州政府给我寄来了公司的股票证书，我都放在了银行的保险箱里。证书上有一个好看的、看起来很正式的印章，对于别人来说它没什么价值，但是对于我来说很重要。无论如何，个性编程现在已是佛罗里达的一个合法公司了。

我很喜欢这个公司的工作。如果有什么不同的话，那就是我对计算机的热情自那天在睿侠电器商店第一次与之相遇之后日益增长。安装好的每一台计算机都像是被我留下为客户服务的一位好朋友。这公司看起来只有我一个人，但实际上我让工人们都留在了顾客那里。他们日夜无偿地劳动，从不抱怨。

自从我开始向客户销售和提供全系统解决方案，个性编程每年的销售额就超过了10万美元。就在几年之前，我在圣达菲的年收入还只有 5 000 美元,这简直没法比。除此之外,以爱而筑的收入也一直都不错。但即使这样,我仍然保持着之前的生活方式。公司赚的钱都捐赠给了寺庙、用于购买土地以及支付为灵修团体服务的费用。事情的发展非常完美,这让我的头脑也能够平静下来。也就是在那段时间,我注意到自己不再将"世俗"和"精神"割裂开来,对这两个概念我终于有了融会贯通的理解。一切看起来都像是生命之流中不可思议的完美。

如果我有办法的话,一定会一直这样走下去。然而在臣服实验中,对于一切我都没有掌控。1980 年初,在同一天中接到的两个电话最终决定了我接下来多年的生活方向。来电者听上去一无所知:他们需要一个医疗计费系统,也就是说他们需要用电脑来管理患者和计算保险账单。那时我还没有那样的系统,但我告诉他们我会找找,然后再给他们答复。

查找一番后,我通过迈阿密的一个联系人找到了一个系统,那是一个可以成功安装的向全国发售的软件包。我本来应该再检查一下软件包的口碑,但拿到系统的文件和定价后我就联系了客户,报了一个价,当时的我并不清楚自己在干什么。然而当我开始测试软件时,我很快意识到这个软件包就是个废物,我绝不可能代理它。

我打电话告诉了客户这个坏消息,他们的反应都一样。他们说都曾耳闻我是一个很不错的程序员,曾经给好些公司写过定制软件。既然如此,我何不给他们的医疗业务也做一个软件呢?

我记得自己当时坐在那间小小的办公室的地板上。我脑袋里的那个声音一直在絮叨,写软件要花很多时间,而卖软件要轻松得多。

做一个患者和保险计费软件的工作量要高于我以往写过的所有程序。我告诉客户,要完成这个系统需要花两年时间。不幸的是,他们都表示愿意等,只要能参与开发。我是绝对不想做这种大规模的程序工程的,然而虽然并没和客户签下什么明确的条款,但我已发誓要尊重生命之流。当我意识到自己别无选择,唯有服从生命的安排时,头脑一下安静了下来。那一刻的感受和之前不得不放手时的感受是一样的。我深吸一口气,告诉两位客户我会尽力为他们的医疗业务做一个计费系统。

一挂电话,我就伸手拿起了地上的标准保险索赔表格。我之前找到它是想看看保险单是什么样的。我开始思考如何构建一个程序,以便用它来收集以及存储不同的资料以填写这个表格。那时我完全没有意识到这些最初的想法开启了一个长达30年的将医疗业计算机化的旅程。人们现在常常问起我,如何早在1980年就有了将公司业务集中在医疗业的远见。现在你可以看到,答案很简单:我做的仅仅就是全心全意地为生命的安排服务而已。但这一次,任务的范围远远超过了我之前所面对过的一切。

会议、预算、项目计划,这些统统都没有,有的只是我这个人。我立即开始编程,这个软件后来被叫作医疗经理(The Medical Manager),这个产品最终会革新美国的医疗实践管理行业。我知道人们很难理解,但对于我来说写代码就如同和他人对话一般,我不用考虑想说什么或者怎么说。我的思绪如同流水一样自然地流到了电脑里。编程的时候,我脑中的声音会直接用计算机语言说话。我不用先用英语想问题,再翻译成计算机语言。正因为如此,我可以坐在计算机面前写出完美结构的代码。让我们回到之前关于灵感及其来源的讨论，贝多芬是听见音乐然后写下来，画家们看到想象中的图画然后画出来。我并不是一开始就从宏观上对医疗经理有所认识，然而每一天都有不断的灵感让我知道这个程序应该怎样发展。我不过是坐在电脑面前，用代码写下那些自发的灵感之流。

我用一种几乎让人恐惧的热情和激情不停地写啊写，先是病人资料，然后是需要收费的医疗流程。每做一件事，我都尽全力做到最好。我并不仅仅是在为这两位客户写程序，我是在写自己最好的程序，以作为献给宇宙的礼物。灵感源源不断，容不得我偷工减料。这种对于细节的执着也最终使得医疗经理在市场其他众多医疗结账程序中独树一帜。简单地说，这种执着就是想要一切都尽量完美，不管要花多长时间，或者从商业角度看有多不明智。

事实是我根本没有真正从商业角度来看这件事。我认为自己可以把程序卖给镇上其他医生，但从未想过更大规模的销售。我得自掏腰包支付程序开发的费用，因为事情的完美发展。不，我并没有随便使用"完美"这个词。在我写这个医疗收费系统期间，离寺庙土地仅1英里远的地方又划出一块土地需要开发，以爱而筑得到了修建其中几栋定制房的合约。这意味着我不必四处奔波就能处理工作。除此之外，个性编程仍有一些现有客户。我还雇了一个年轻人为我兼职做一部分小型定制编程工作。我用之前写的一些旧程序培训他，也对他写的代码进行评估和测试。在测试他的时候，我没有意识到自己其实正在接受如何管理程序员的培训，而这正是我在不久的将来需要的技巧。结果就是，我注定会管理几百位高度熟练的软件开发人员。

第 34 章

早期的程序员们

— ＊ —

任何有正常思维的人都不会认为自己可以坐下来独自写完整个医疗计费系统。而我，显然没有什么正常思维。我把这个项目当作生命之流给我的下一个任务接了下来，这对于我来说非常神圣。我的整个灵修的道路都是以臣服实验为中心的。为了远离内心的聒噪，我仍然坚持着日常冥想的习惯，也从不松懈对心神专注的练习。每当坐在计算机前开始编程时，我都会吸口气，然后提醒自己所为是献给宇宙的礼物。我所在的小小星球正旋转着穿过外太空，而这是我被委以的任务。我从来都没想过需要什么协助。

在快完成一半程序的编写时，守护天使送来了我未曾要求却非常需要的帮助。生命中的某些时刻是命中注定的，1980 年秋天的某一日就是那样的时刻。那日，我正走在周日早上寺庙门廊的人群中，这时一位年轻女士走了过来。我并不认识她，她在轻声说着什么，但我在人群中也不怎么听得清。她介绍说自己上过一些编程的课程，刚从佛罗里达大学毕业。她听说我一直也在编程，所以想要和我一起工作,即使开始的时候没有报酬也行。她的名字叫芭芭拉·邓肯。

我确实需要帮助,但我完全不知道别人能怎样帮助我。一直以来我都是将脑中的想法直接编程,写入电脑,在这当中没有其他人可以连接的勾卡点。而且我也不了解她,她看起来是个很害羞的人。幸运的是,我受过的良好训练让我可以只是看着这些想法在大脑中经过,而不是对其盲目听从。我停了一下,吸了一口气,然后认清了我脑中起初那种对于变化的抗拒是一种负面的想法。我立刻放弃了那种想法,然后向现实情况臣服了:面前这个人真诚地想要提供帮助,而我也需要帮助。我告诉她,因为我一直习惯独自工作,所以不能给她什么保证,但我很愿意尝试一下。我们安排好几天之后的会面,我还让她考虑一个适当的起薪,因为我愿意付报酬。

这个出现在寺庙里的人身上所隐藏的天分与能力出乎我的意料。开始的时候她的确非常害羞又惊慌,但在随后的 20 年间,对于任何任务她都能积极地、很好地完成。为我工作后,她很快也开始参加寺庙里每日的仪式,而且还搬到了这边居住。芭芭拉是个性编程的第一位全职员工,她成了公司和寺庙社团的一块基石。结果证明,那日我在寺庙门廊遇见的这位害羞的年轻女士有着一个聪明的头脑和一颗战士的心。

芭芭拉开始上班的时候,我已经完成了一半的程序。在那之前我从来没有真正把自己的想法说出来给别人听过,因此和另一个人分享我对于整个系统的认识是非常有益的。我们组成了一个很棒的团队,芭芭拉能够很好地领会我的观点并且执行下去。随着公司程序员的增长,这一点变得至关重要。简而言之,芭芭拉就是来自上天的礼物。她在我正需要她的时候出现，而那时我还不够聪明，并没有意识到自己需要她。她是自己出现的，并不是我找来的。

事实上，拉达也是这样的。从第一天开始她就负责寺庙和公司的财会以及办公室管理事务。30年后，她仍然住在寺庙里并且掌管相关事务。这些人就如同专门为寺庙自律的灵修生活方式挑选出来的一样，而且她们也完全胜任这些高技术的工作。随着生意的扩大，我看着这样的事一次又一次地发生。我感觉自己是在与宇宙完美共舞。当时的我并没有意识到，在见证自我臣服的过程中我所消除的那个来自"小我"的负担比自己通过灵修实践达到的效果更好。我很清楚自己并不是这一切完美展开的原因，但我很荣幸生命能在我眼前完美展开。

下一年我们又招了几个程序员，在完成这个软件第一个版本的时候，公司里已经有4个全职人员了。我们需要更多的编程人员，因为芭芭拉和我想要做出的不是最简单的方法，而是最好的解决方案。比如，我们写的最有趣也最重要的模块是打印出保险索赔表格的那一个。我记得那些天我和客户一起回顾他们的保险计费需求，基本上只有火箭科学家才能搞得懂不同诊所在构成这些所谓标准表格时产生的细微区别。但他们坚持这些区别很有必要，因为只有这样才能让不同的保险公司正确支付。

芭芭拉和我做出来的模板驱动系统相当复杂，它可以让诊所自己指定如何去填某一个保险公司的表格。我们致力于开发一个可以完美处理填表人的保险计费需要的系统，而这个特点也成为这个软件后来快速被市场接受的主要原因之一。在很短的时间之内，医疗经理软件开始定义处理全国保险公司业务所需要的几百个不同模板。

这也许可以让人稍微明白我们想让医疗经理达到的高度，即使那还只是第一版而已。我们不停前进，尽全力做好每一件事。我过去做任何事时都没有像做这个程序一样要求完美，我们最终的成果就如一颗打磨过的钻石。对于我来说，它就是一个活生生的东西，每当触碰到它时，心中就会涌起无限崇敬。看着神奇的生命之流创造的程序，我感觉它好像有着自己的生命，而我们在这里是为它服务的。

那是在 1982 年初，经过两年时间的紧张开发后，我们开始为最初的两位客户安装程序。考虑到这之前我们谁也没有做过这么大型的程序，安装进行得还算顺利。我从没想过这些东西安装好后会发生什么事，我们只是完全集中在编程和尽力做出最好的系统上，因为这是生命给我们的任务。在最初的安装之后，这个程序的命运会完全地自然展开，就如我一路走来所发生的那样。

臣服实验

第 35 章
准备发布

— * —

随着项目取得的巨大进步，我很高兴地看到事情的发展使我身边的人受益，尤其是芭芭拉，她工作非常努力。而就在这个时候我的邻居鲍勃·提尔钦决定搬家，于是寺庙买下了他的房产。芭芭拉搬进了那栋房子。当个性编程公司搬进寺庙属地里的一栋新房子时，她也得到了一间很不错的新办公室。当然我也搬进了一间更好的办公室，而一些非常重要的事件也注定会在这里发生。其中最重要的一件事就从某日我坐在电脑前时接的一个宿命般的电话开始了。

当时我们刚刚完成医疗经理的第一次安装，电话响起时我刚为程序制作完说明书。来电者是系统＋，我们当时销售的会计程序的发行商。我只是他们公司一个很小的经销商，他们一般不会给我打电话。几天之前我打过一个电话过去，报告他们新发行的一个软件的问题。

系统＋的客户代表说自己名叫罗蕾莱，对软件出现的问题感到非常抱歉。在道歉和保证的过程中她告诉我，我应该继续接受他们的新软件,因为系统＋公司计划成为提供小型公司软件的领军企业。她说公司正在开发普通会计之外的软件,目前正在寻找顶尖的房地产软件包、法律软件包以及医疗计费软件包。

我听她说到医疗计费软件包时吃了一惊。开始我很不好意思开口,系统＋可是硅谷的大计算机公司,而我不过是一个住在树林中自学编程的人。我确实花了两年时间来写这个计费程序,但它才刚刚被安装在一个小医生的办公室里几周时间。虽然脑袋里的那个声音向我保证他们肯定对我的小软件程序没有兴趣,但我还是吸了口气,向当前臣服,然后告诉罗蕾莱我刚刚做好一个医疗计费软件包。她说了句什么又停了下来,过了一会儿她说:"等一下,我老板刚好走过来,我去看看他有没有兴趣。"我当时完全不知道该作何应对。

当罗蕾莱回到电话前时,她告诉我老板很有兴趣评估任何能做医疗计费的软件。她鼓励我把程序以及刚做好的说明书寄过去,然后我们就挂了电话。我完全惊呆了。刚才都发生了什么?我从未想过要找一个软件发行商,而行业顶尖的软件发行商刚刚给身在佛罗里达阿拉楚阿树林中的我打来电话,最后说想要看看我的系统。后来我才知道,当罗蕾莱说她的老板恰好经过的时候,她指的是公司总裁瑞克·梅里奇,他刚好就在那一刻经过她的办公桌。现在你也许能明白我为何如此尊重生命之流了吧。

我花了一周时间把所有东西整理好,然后寄给了系统＋的总部。当我站在那里将做好的软件包献给宇宙时,感觉非常超现实。一直以来我都只是在跟随生命之流,对任何事都不抱期望、希望或梦想。这些年来我只是一步一个脚印地尽力为命运的安排服务。对于我来说，我不是程序员，而是一个住在林间的瑜伽士。几年前我用600美元买下了一台小玩具一样的电脑，然后就开始和它一起玩。在理智已经认识到写软件太消耗时间的情况下，我仍然着魔一样花了两年时间来写一个医疗计费软件包。现在，在一个电话都没有主动去打的情况下，我就要把自己的程序寄给加州最成功的软件公司的总裁。这样的事是怎样发生的呢？即使是在童话里？

几周后，系统＋公司打来电话说，他们的公司总裁想飞到阿拉楚阿和我面谈。我同意了。很快瑞克就坐在了我办公室的沙发上，告诉我他想要经销我的软件。他说这几乎是他见过的最好的软件，他能在市场上非常成功地代理它。我很喜欢他的诚恳和正面称赞，立刻感觉和他共事很愉快。需要明白的是，我是这样理解这件事的：坐在我面前的这个人是宇宙之力亲手挑选出来，要将我的孩子带到这个世界上来的人。正如不知从哪儿冒出来的芭芭拉成了我的完美助手，这个人也从天而降来告诉我，他是被派来发行这个软件包的。

没有联系别的经销商，也没有考虑别的选择，我向生命之流的完美臣服了。当握手表示达成销售协议时，我们都没有意识到在接下来几十年间的生命中，我们将一起进行一次奇妙的航行。毫不意外，瑞克和系统＋将会成为医疗经理这个产品最完美的经销商，生命再次产生了奇迹。

9月的时候，系统＋告诉我，他们将会在11月的1982年计算机分销商展览会（COMDEX）上推出医疗经理软件。计算机分销商展览会每年都在拉斯维加斯举办，是全美最大、全世界第二大的计算机贸易展。系统＋计划在他们的大展位里将其作为特色产品推出，而

第35章 准备发布 147

我们的压力就是要签下经销协议，并且把软件的最终版本送到加州。

结果那年 10 月 1 日，寺庙有一个为拉姆·达斯举行的大型静心营，而那个时间也是系统＋让我们交出软件最终版本的截止日期。在动身参加静心营前，我还没有把软件寄出去，于是我把它交到了拉姆·达斯手里。在某一刻，他用毫不废话的方式问道："它怎么样？"我回答说，我也不知道；它要不全无价值，要不价值百万。事实说明我还少估计了几个零。我一向特别敬重拉姆·达斯，所有在他那种对自己绝对诚实的气场下得以成长的人都十分敬重他。就在那个软件向全世界发行之前，他将其握在手中，这种完美的情景简直让我惊讶。谁知道事情会如何发展呢？我当然没法自称了解什么。我看着这软件被构思出来，眼见它吸引、聚集了这项构思所需要的一切成功因素，并且从一开始就成了行业领导者。在那之后它又为自己吸引到了一流的经销商，现在又端坐于其中一位最受尊重的新世纪灵修导师的膝盖上。这个程序有着自己的命运，它将把我们领向一个从未想象过的旅程。

臣服实验

———————— VI ————————

自
然
生
长
之
力

第 36 章
成功企业的基础

— ＊ —

医疗经理在拉斯维加斯贸易展上的首发令人称奇。为了看到系统＋的工作情况以及与其工作人员会面，我也飞了过去。在那之前我从未参加过类似的贸易展。记住哦，多年以来我一直生活在树林里。医疗经理的横幅贴满了系统＋的展厅。用 18 年的时间看着你的孩子渐渐长大，然后看着她在高中毕业典礼上获得荣誉是一回事，而现在这个孩子才出生几个月就已成为计算机分销商展览会这种大型展览中广受关注的产品，这完全是另一回事。系统＋拥有最大的展厅之一，在展示商品方面做得非常好。医疗计费软件市场已成熟，有很多商家表示出极大兴趣。我惊叹地看着系统＋的销售员们展示产品。医疗经理完全没有预热期，它从阿拉楚阿的安静树林直接到达了拉斯维加斯的巨大成功。

没有时间享受成功的喜悦，系统＋立刻开始与分销商签约售卖产品，接下来要面对的就是如雪崩般的对于新产品特点以及客户定制化的大量需求。每一个专业都需要一些针对自己的特别的东西，而几乎每一个行医者都想要这个程序像他们以往所习惯的做事方式一样运行。最重要的是,在软件发行一两个月之后,系统＋告诉我,尽管我们写的计费程序非常好,但为了能够继续成功地销售这个产品,他们还需要在产品里增加预约安排和其他实践管理功能。

我们该怎么做呢?我们都没有接受过医疗软件设计的训练,也没有什么经验,只能自己摸索办法,但我们真的做到了。如果你要问我是怎么做到的,我会说冥想的经验告诉我,我们称之为**意识**的东西有两个截然不同的方面。一面充满逻辑和思考,它会把我们已知的组织为复杂的思考模式以得出逻辑解决方案。而另一面则是直觉的、以灵感为动力的,它可以让我们看到一个问题后立即得出创造性的解决方案。结果,我多年以来所做的为了让脑中声音安静的灵修训练已经为我打开了通向不断的灵感的大门。似乎意识越安静,解决方案就越清晰。芭芭拉也有同样的体会。不知怎么回事,她就是有能力几乎与我同时想到同样的创造性解决方案,然后帮助我找出其中的逻辑。医疗经理就是这样设计出来的,而我们之所以能够多年以来在行业中处于领先地位,也是这个原因。我们快速设计软件的能力已经成为传奇。

同时,客户对于这个产品的兴趣如此大,让我们简直应接不暇。似乎在每个方面我们都已达到极限。以我们的分销商培训研讨会为例,1983 年春季,我们在盖恩斯维尔希尔顿酒店的一个小套房里举行了第一次医疗经理分销商研讨会年会。那个房间对于 15 或 20 个参会人员来说足够了。然而几年后,我们得租下整个盖恩斯维尔希尔顿酒店,包括 200 个房间、会议设备以及餐厅。在 20 世纪 90 年代初,盖恩斯维尔的希尔顿酒店以及周围其他酒店的客房加在一起都不够了。为了找到足够大的酒店,我们不得不把分销商研讨会搬到了奥兰多。

与个性编程保持同步,我的精神成长也更加深入。我日常生活中要完成的任务包括运行寺庙、每周做三次灵修讲话以及向几百个分销商讲解医疗实践的管理。尽管有了这些外部变化,我并没有成为一个传统意义上的生意人。我还是那个已将灵修道路向生命之流臣服的人,全身心地投入在生命的安排中。每日两次的冥想当然有助于让一切正常运行。

1985 年将会成为具有里程碑意义的一年。在短短两年间,系统十就已和超过一百家分销商签约,我们每月平均要新安装 150 多个医疗经理软件。保险计费的模板制作获得巨大成功,我们得以为几乎所有的保险公司做对账单。但在我能够放松一下之前,这个行业将会经历一场巨大的变革。因为越来越多的业务都已计算机化,突然之间电子账单可以代替纸质账单了。这其中有很大的优势,以至于一个全行业的推动势必发生。尽管我们在纸质账单方面做得也很不错,但事实就是整个医疗行业已被推向了一个计算机对计算机交流的时代。除了臣服,我们别无选择。不幸的是,对这个方面我们一无所知。那个关于我们最终在这个领域引领了行业的故事,不过是对完美生命之流的再次歌颂。

我还记得公司为电子化索赔召开的第一次设计会议。我们立刻意识到最佳方案就是使用模板,就像做纸质账单时一样。但为电子化索赔做模板已经远超我们现有的模板设计能力。据我们所知,在这之前从没有人尝试过那样的方案。程序团队的普遍态度就是这事可能干不了，他们根本不知从何着手，因为不同的保险公司可能会对电子索赔资料有非常不同的要求。

然而我不愿放弃。就在同一周，另一个生命奇迹发生了。在周日的仪式后，一个男子走上前来自我介绍说自己以前是阿姆里特瑜伽社区的居民，他想知道如果在这边住下后，我有没有工作可以让他做。他名叫拉里·霍维茨，然后我隐约记起阿姆里特社区的某个人曾跟我说过他非常聪明。我评估了他的背景和天分，突然意识到生命再次把一个能够解决当前问题的绝佳人选送到了我面前。尽管拉里没有这个领域的教育背景，但他对于我们对电子索赔提出的创新方法非常感兴趣。我决定让他试试。在大致介绍了项目后，我就不再干涉，而是让他自己想想能有什么办法。

拉里独自研究了全国的保险公司的 250 本规格书，然后列出了用模板制作出一个适用于全国情况的软件所需要的所有信息。我们实施了这些改变，然后医疗经理就拥有了一个有定制技术的电子账单程序，这在行业中远远领先于其他公司。用户反馈非常热烈，拉里创造模板的任务非常重，我们不得不为他组建了一整个部门。保险公司会定期更换规格，于是 25 年后拉里仍然负责公司的电子索赔事务。这样的一个人是如何在需要的时候就恰好出现的呢？

医疗经理在电子索赔方面是引领整个行业的。我们能够在全国范围内直接向蓝十字蓝盾①以及医疗保险公司提出索赔,这推动了产品的成功。1987 年我们成为全国第一个能够在 50 个州提出电子索赔的医疗管理系统。2000 年,医疗经理被安装进了史密森学会的永久档案,这是对它在医疗业计算机化上做出的贡献的一种认可。我们将数以万计的业务成功转变为电子交易,这是一项巨大的工作,将惠及后人。我把所有这些都视为生命的又一奇迹。

---

① 蓝十字蓝盾公司是由 37 个独立的美国健康保险组织和公司组成的联合会,为超过 1 亿的美国人提供健康保险。——译者注

第 37 章
行业叩响大门

— * —

个性编程公司的确是个异类，公司就坐落在树林里寺庙领地上的一栋不大的楼里。我们当中谁也不是世故的生意人，也没有老练的职业程序员，大家是因为要完成一个任务的能量而聚到了一起。通常，成功的公司必须要通过发展商业计划和财政预算来规划自身的发展。但对我们而言，唯一的商务计划就是要尽力跟上那股将我们向前推动的强大的生命浪潮，而唯一的预算就是要雇佣那些可以帮助我们的人。但不管我们有多努力，生命都一直将我们推向下一步。

在 20 世纪 80 年代中期收到的几个意料之外的电话可以被看作我们奇迹般的增长是如何自然发生的绝佳例子。第一个电话发生在 1985 年春天，来自一位女士，她自称是蓝十字蓝盾帝国公司的副总裁。帝国公司处理纽约市的事务，还是美国最大的蓝十字蓝盾保险供应商。他们试图将管辖区内的医疗业务都转变为电子索赔方式。为了达到这个目的，他们的行动之一就是把医疗管理系统卖给医生。他们一直在自己研发软件，但还是觉得比不上我们的医疗经理。她说他们打算放弃自己的系统，而用自己的公司标签销售医疗经理。此时我深感荣幸，没有什么事能比让蓝十字蓝盾把我们的产品向医生们出售更好了。我还没从这事中回过神来，蓝十字蓝盾新泽西公司也联系了我，他们也有同样的要求。接着蓝十字蓝盾的南卡罗来纳、佐治亚、亚利桑那、夏威夷、密西西比、科罗拉多以及其他几个州的公司也都联系了我。所有这些公司最终都开始向他们所在州的医生销售医疗经理。我把这看作关于臣服力量的生动一课。多年以来我一直都甘愿放弃自己的个人喜好，专注于尽我所能地把生命交给我的事做到最好。我从未期望过回报，只是非常恭顺地看着事情的自然发展。

在1986至1988年期间，个性编程已经有了十几个员工，其中大部分是程序员。我们是一个小公司，但每年的版税收入有好几百万美元。系统＋很快意识到了医疗市场的巨大潜力，于是放弃了其他产品，完全专注于医疗经理这个软件。作为个性编程的负责人，我现在的任务就是要与这些大公司做生意，之前我从未做过这种级别的工作。生命让我在实战中学会了如何成为建筑商和程序员，她现在又开始训练我成为一位企业高管。我的经历注定不会让我成为一位传统的管理者，即使在商业中，我也愿意信任生命之流，让它继续当我的最终顾问。

在生命旅程中我一再看到的一件事就是，正确的人总会在正确的时间出现。我的确指望着这种完美，而神奇的是它也的确一再发生。甚至公司的律师里克·卡尔对瑜伽和冥想也很入迷。似乎生命让我被关注灵修的人们围绕着，这不仅发生在寺庙里，也发生在我的公司里。

　　下面先后发生的几件事可以概括出生命是如何做到这样的。事情的起因是系统＋让我们接待一个实验设备公司的代表，因为他想要见一见医疗经理的开发团队。系统＋很少让潜在客户到阿拉楚阿的树林中来，但这一次他们别无选择。系统＋几乎恳求着我穿上夹克、系好鞋带，也要求其他员工做出最专业的行为。来访者名叫保罗·多宾斯，他的职业背景相当宽泛，既是高级技术分析师又是产品经理。

　　我派里克·卡尔，我们相当体面的律师去盖恩斯维尔机场接机。他回来时，把脑袋探进我的办公室，像柴郡猫那样咧嘴笑着。接着，我们的贵宾走了进来。我注意到的第一件事是他上臂上绑着一个什么首饰，看起来和尤迦南达以前常常戴着的那个特别的手镯很像，后来我发现那就是那种手镯。保罗·多宾斯是尤迦南达的信徒，他学习过相关课程，已经练了好几年克里亚瑜伽。你可以肯定我当时很震惊，也可以想象一下他的感受。这是一次重要的商务旅行，他从圣路易斯飞来见这个做出全国顶尖医疗管理系统的公司的总裁。他走进总裁办公室，却看到到处都是尤迦南达的画像。

　　开始的时候我们都沉默着，保罗在沙发上坐下来，欣赏那一刻的美丽。房间里的能量非常适合大师的出现，我的眼睛都睁不开，而保罗则很明显地沉浸在自己的世界中。一阵沉默之后，我问他想不想去寺庙看看。我们走过绿树成荫的大路和乡间的泥泞小路，最后来到了那个挂满了各位伟大大师画像的神圣之地。不用说，这和保罗过去的商务之行都不一样。

　　保罗将这个到访延长到周末，然后住进了寺庙土地上一个 10 平方英尺的客房。周日到了，他也不愿离开。很明显保罗是自己开始冥想的，他周围没几个人热衷于瑜伽。寺庙里发生的事以及盖恩斯维尔灵修社区的力量震撼到他了。周日的仪式之后，他找到我问了一个不得不问的问题："我可以留下来为你工作吗？"我深深地感到保罗属于这里，而且他也是真心想成为寺庙和公司的一部分。但我觉得他立刻离开这个派他过来的公司还是不太好，于是让他再等等看事情会怎么发展。

几个月之后，保罗惊慌地打来一个电话。他告诉我，他所在的公司突然被出售了，公司老板和不少员工都在想办法。他已经递交了辞职申请，但还是想以某种形式与医疗经理共事。生命已经给出了相当清楚的信息——是时候给保罗一份工作了。

一周之内保罗就带着他所有的财物来了。我们让他在找到住处前就住在之前那间 10 平方英尺的客房里，事实上他在那里住了 5 年。我不知道他是怎么处理自己的东西的，但我知道他每天都像闹钟发条一样准时参加早晚的仪式。

保罗为公司做出了巨大贡献，他出现的时候正是公司最需要他的时候。在他加入团队后不久，全国的各大实验室就开始联系我们，他们都想在实验室中接入医疗经理。保罗正是这个领域的专家，而我们是头几个将电子连接用于大实验室公司的业务管理系统之一。如果我们的团队没有保罗的话，绝不可能取得这样的成功。当我回想他是怎样加入我们的时候，就感觉这是来自宇宙的馈赠。20 年以后，保罗仍然在为公司工作，直到今天他还和妻子以及家人住在寺庙产业旁的土地上。看来一些事情注定就是这样。

第38章
不断扩大的寺庙

— * —

随着软件公司不断壮大，早上的冥想有了全新的意义。冥想和瑜伽不但是继续我内心旅程的必要条件，对于保持心智的清晰也是必需的。在管理一个这么多人赖以谋生的机构时，需要付出很多。你需要时间来让大脑安静下来，然后让一切都保持正确。

在冬日日出后离开寺庙仪式时，我们常常会看到山野都笼罩在露水中。巨大的橡树、松树以及胡桃木树自三面围绕着这片土地，而北面是那片美丽的起伏的牧场，斜坡向下延伸到绿树成荫的溪流。只是站在那里，什么都不想，就像地球上的天堂一样。

1988年12月初一个有雾的清晨，情况和平时相当不一样。当我们走出寺庙的寂静来到里面的土地时，我们听到了来自北面的巨大的机器轰鸣声。眼前的一幕让我们都惊呆了：我们看到邻居家起伏的土地上有巨大的推土机和其他地面清理设备。我们一时不知该怎么办，于是都爬上山，到达我最开始建的那栋在牧场临界处的房子。我们找到几个工人，询问他们这是怎么回事。他们说他们已经买下了我们邻居家领地里所有树木的砍伐权。我们北面是一片一千多英亩的农场，由威尔伯和朱丽叶所有。他们人非常好，住的房子坐落在领地上离寺庙最远的地方。他们对于这片土地有着深深的尊敬，已经在这里住了相当长时间。我们不清楚现在究竟是怎么回事，于是给他们打了个电话。

当我最后找到威尔伯时，他解释说他们在清理剩下的原始森林，打算种植湿地松，15 到 20 年后这些松树就会成为经济作物。我告诉他，我想和他谈谈这事，在见面前是否可以先暂时不要清理两块土地边界之间的树木。他犹豫了一下，然后让我叫工头给他打个电话。实际上我完全不知道见了威尔伯该怎么说，但我觉得自己有义务保护这片土地上的美丽森林。

在驱车去威尔伯家的路上，我专注于保持开放的心态，对于当前的经历持接纳的态度，这样我就可以看到生命会将我引向何方。如今，当我回望，非常感激臣服让我学会了带着安静的头脑和开放的心欣然地参与生命之舞。

刚到威尔伯家时，他完全不愿将两块土地和溪流间的 35 英亩地卖给我。我解释说那些树非常美，应该把它们保留下来。他也同意那些树很美，但他在运营一个农场，而他已经决定在整片土地上种植湿地松。我的劝说完全徒劳，直到我提出可以租下这块土地，而且出价一定会比他种植湿地松所获利润高。威尔伯是一个精明的生意人，这个提议让他很感兴趣。种植任何作物都有风险，而安全的长期租约是没有风险的。于是他出了一个价，这个价格比任何农民会为未垦土地付的租金都要高出许多。但从我们保护这片美丽土地上的树木和草原的角度看来，这还是值得的。最终我们和威尔伯签下了一个长期租约，这样我们就能保存、保护并且使用北面的土地了——我曾称之为极乐世界。

这次经历再次加强了我从臣服实验中所学到的东西。有些事刚开始的时候看起来一团糟，但最后也仍可以有积极正面的结果。事实一再证明，只要我能把握当下，风雨过后总会有彩虹。我开始逐渐认识到这些暴风只是转化的先知。可能只有在有足够原因克服日常生活中的惰性时才会产生变化。具有挑战性的处境会创造出能带来变化的动力。问题是我们通常会用那些本能带来变化的能量去阻挡改变。而我学会了在暴风中安静坐等，看看自己能做出什么有建设性的事。

如果这就是关于寺庙财产的故事结局的话，我还是会称之为来自宇宙的礼物，但这还远不是结局。就在签下租约一周之后，一块与社区中心相邻的土地开始出售。令人称奇的是，买下这块土地后，那块租下的土地实际上就贯穿了我们所有地产的整个北面的边界，把一切都连在了一起。

看着这一切就这样发展下去简直让我目不暇接。我在与生命玩一个游戏，每当生命出招，我脑中就有一部分吵闹的思绪消失了。我有什么用呢？一切事物都能够自己发展得比我能想象到的更好，当然更是远超我能做到的程度。我曾说过如果有钱的话，一有机会我就会买下周边的土地。而现在，把租地算在内的话，寺庙的地产已经有 85 英亩了。我们很快就会看到这块租地将会在生命为我们所做的安排中发挥更大的作用。

神奇的事件并不仅仅发生在寺庙的领地或是公司的飞速成功中，一些看似不可能发生的小事也经常发生着，它们的出现使得我的理性思维逐渐瓦解。其中一个神奇的事件发生在 20 世纪 80 年代晚期，当时我在波士顿因公出差。因为有很多蓝十字蓝盾公司都在使用医疗经理，于是麻省的蓝十字蓝盾公司也邀请我去会面。我在下午晚些时候抵达波士顿，很饿，因为整个早上都在忙于奔走，一整天啥也没吃。我认为自己可以在入住酒店后再去找一个不错的素食餐厅吃饭，而不是在旅途中吃垃圾食物。我完全不了解波士顿，但我租了辆车，所以这应该不难做到。

在寻找酒店门童推荐的餐厅时，我完全迷路了。在开了大概一小时车之后，我到了哈佛广场。我开着车在这一片四处寻找素食餐厅，但是一个都找不到。我本来是期望在波士顿这样一个大城市能有高档素食的，而现在能有糙米和素菜就不错了。我决定不再开车四处寻找了，而是就在酒店要求客房服务——如果能找到回去的路的话。然而我又迷了路，再次绕到了哈佛广场。我突然领悟到可能宇宙是在试图告诉我什么，于是我停好车走了出去。

这一次我更仔细地查看周围有没有什么能为素食者供餐的小地方，然后注意到了大楼之间的狭窄巷子。这些巷子不能过车，但两边的人行道上都有商店。我朝着一条小巷子走了进去，结果你猜怎么着，才走 50 英尺就看到了一块小黑板上写着"今日特餐：糙米和新鲜蔬菜"。我既安慰又感激地低下了头，但很快我就会发现，还有我完全没料到的事呢。

指示牌将我领向了一个通向一家小餐厅的狭窄楼梯，而这也正是我当时想要的。点餐之后我怀着一种深深的平静享受了生命向我提供的大餐。然而还有一件事扰乱了我暂时的平静。自从我走进这家餐厅，柜台后一个男人就不停地盯着我看，这足以让我觉得不舒服。吃完饭后，将账单递给我的不是服务生而是柜台后那个男人。当我掏钱的时候，他问了我一个问题："你会不会就是米基·辛格啊？"当我想到那一连串将我带到这个餐厅的不同寻常的事件时，简直完全惊呆了。

这究竟是怎么回事？我不认识这个人，但还是给出了肯定的回答，我们之间的能量变得非常地有灵性。他说我不会记得他，但他记得我。在16年前，1972年的时候，他在盖恩斯维尔徒步，而我用自己的大众露营车载了他一程。那时他正在经历人生中的艰难时期，他还问了一些关于我仪表盘上尤迦南达画像的问题。我解释说我很喜欢瑜伽，正在学习这位伟大的瑜伽大师的教导。到亚特兰大时，他在路过一家书店的时候看到了店面橱窗里尤迦南达的画像，于是他走进去买了一本《瑜伽士自传》，而那也是我当初鼓励他做的。显然，这一行动改变了他的生活。他在环游世界时遇到了巴巴，而他现在就住在波士顿的一个瑜伽中心。他说他一直在想我有没有遇到过巴巴，直到在迪士尼乐园看到了我俩的合照。那让他特别开心，他还祈祷，希望有一天能有机会当面感谢我在他的觉醒中所起的作用。而那个祷告现在奇迹般地得到了回应，他安静地站在我面前，眼含热泪地说："谢谢你。"说完那句话，他就转身走开了。

沿着小巷向车走去的时候，我回头看了看那块引我进入这个难以置信的事件的黑板。我记起了在走入餐厅前，我自以为很清楚正

　　　　　　　　　　　　　　　　　　　　臣服实验

在发生什么事：一系列有趣的事件会将我带到糙米和蔬菜面前。但我错了，真正发生的事比那重要得多，对于每个人来说真正发生的事都比我们以为的重要。我很开心自己决心将生命奉献给臣服。我不知道正在发生什么，我已不再在意这些，我只想停止对完美生命的干扰。很明显，即使只是一次到波士顿的出差，也能见证生命的奇迹。

第七部分

VII

当乌云变彩虹

第 39 章

一点魔法

— ✳ —

我是金牛座，天性就是要安顿下来好好做事。我不是那种总是喜欢变化的人，我喜欢稳定的生活方式和循序渐进、可持续的增长。寺庙和公司都经历了它们自然增长的阶段，我总是认为每个阶段都会变成稳定的状态。

20 世纪 90 年代初，我感觉我们已经经历了快速增长阶段。个性编程已经极具规模，我们共有 20 个职员，每年有好几百万美元的利润。我还是保持着之前的生活方式，钱都花在了捐赠寺庙和支持各种慈善事业上。那个时候芭芭拉住在我的房子里，而我住在寺庙里用于晚餐的一个小客房里。从这座房子延伸出了一条很长的、跨过湿地区，将之与个性编程连接起来的木板路，我每天都经由这条路去上班。我们住在寺庙里的每个人都努力工作并且坚持早晚的仪式。一些盖恩斯维尔社区的人们会定期参加周一和周四的夜间会谈，而周日早上人则会更多。一切都很好，我认为疯狂增长的时期已经过去了。很明显，我又错了。

为了明白下一波的增长浪潮,很有必要理解这个时候我脑袋里都在想些什么。目前为止在臣服实验中发生的事告诉我,越对那些由个人好恶产生的内心杂音放手,我就越能看到周围发生之事的同步性。这些出乎意料的事件就如来自生命的讯息温柔地将我轻轻推向她行进的方向。我听命于这些微妙的轻推,而不是由我自己的好恶产生的更为明显的心理和情绪反应。我就是如此这般在生活中练习臣服,而讲出所有这些故事的目的就是与你一起分享旅程中的完美。

以寺庙产业为例。正如我已经说过的那样,我们对于拥有大量土地并无兴趣。然而,一年又一年,寺庙最终有了巨大的产业,而一路上的每一次购买似乎都有某种奇迹。1990 年 10 月的时候也发生了同样的事。我接到一个电话,地产经纪告诉我,我们这边有一片土地要出售。他说那是一片 85 英亩的土地,有森林也有旷野,大家都觉得这是阿拉楚阿最美的一块地。我对他说我们可能没什么兴趣,因为我们主要关注的是与寺庙产业临近的土地。但他还是坚持要带我去看看,最后我们都惊讶地发现这块美丽的土地的确是与寺庙的租地接壤的。这对我无疑起了推动作用,几乎没费什么力气,这次购买就自己安排妥了一切。

我将这片土地视为来自宇宙的礼物,它的出现完全出乎意料。当我看到这些土地就像拼图游戏一样排好了,简直惊讶得目瞪口呆。三个月后,汤姆·詹金斯打电话告诉我,他们就要搬家了,而我也意识到他的地产完全就围绕着我们新买的土地。这意味着寺庙将会拥有一整块 170 英亩的土地。即使我们一开始就买下整片土地,情况也不可能更好。感觉就像每一块土地都在等着我们有钱将其买下。已发生的一切简直完美得让人震惊，但接下来还会发生别的事。

买下詹金斯的地产后，拉达搬进了那里的房子。那时她告诉我，我应该找一个比厨房建筑后面更好的地方住下，那个房间没什么隐私，因为大家每天都会在主楼里进进出出。我回答说我觉得没关系，想要看看生命之流会怎样安排。她质疑，说生命之流已经给我足够的土地和金钱。我还想要什么呢？难道还要某一天宇宙打电话叫我修一座房子吗？我回答说如果我注定要修一座房子，就一定会有明明白白的预兆或启示。同时我对自己住的地方也没有不满意。

就在两周之后，我的一个邻居打电话过来说他要出售房子，之前寺庙已经买下了隔在我最初的 10 英亩地和他的土地之间的地皮。这就意味着他的土地紧邻着寺庙的地产。因为几周前与拉达的那番对话，我特别留意这位邻居会说什么。他说他想给我看看他花了几年时间造的一座非常特别的房子。在电话里我努力不动声色，但实际上我的背脊都在颤抖，因为我几乎已经明白会发生什么。我打电话叫拉达和我一起去那个地方看看，因为这有可能就是宇宙给我的关于房子的来电。

当我们在长长蜿蜒的车道停下时，一座美丽的小木屋风格的房子出现在这片土地的后方，我的第一感觉就是这房子很特别。原来我们的邻居是一个会造船的木匠，他花了 12 年时间，像造高级游艇和帆船一样手工打造了这座房子。

这房子不大，只有 1 800 平方英尺，坐落于一块 12 英亩大的土地上。这地方被料理得很好，就像一座花园。我一进去就知道自己怎么也不可能设计出比这里更完美的房子了。这房子每一个地方都有特别之处，但厨房上方的小小的第三层楼别有一种神奇的魔力。当我爬上敞开的陡峭楼梯时，感觉自己走进了一个树屋。我发现这正是我能想象到的最特别的冥想之屋。顶楼是一个 10 英尺长、12 英尺宽的房间，完全手工打造成了每个工匠梦想的样子。四面墙装着古董含铅玻璃窗，那是在拆除一位海军上将在波士顿的一栋有几百年历史的老房子的时候保留下来的。这建筑的效果非常明显，站在那里就会感觉自己穿越回了 18 世纪。让人吃惊的还不止这个。当我抬头时，意识到屋顶是圆顶。外露的横梁在屋子中央的最高点聚集，让人感觉就像站在一个金字塔里一样。这个空间如此精美，只要站在那里，思绪就会安静下来。

不用说，我买下了那座房子，从此住了下来。随着最后一块土地购买的尘埃落定，所有土地整合到了一起的魔力逐渐显现。我的邻居总是从前车道进出，但我很快发现这片地皮的后方与我们从威尔伯那里租来的土地接壤。只要我们在房屋后面的树林中开出一条路，我就可以直接开车或走去寺庙，根本不用离开寺庙领地。这块土地神奇般地将我们过去 20 年间购买的所有地皮连接成了一整块。没有人做过什么计划，它就是那样展开的。说我这次被生命折服了就有点太过轻描淡写了。

我建了一条木板路，将新房子和寺庙已有的木板路连接起来，这是我上班通勤的新路线。过了一段时间，玛塔吉来做客，我带她参观了这座房子。她轻轻地说："所以上帝给你打来电话说：'米基，你的房子准备好了。'"我觉得这种说法很好地总结了这整件事。

某天，上帝打来电话说："米基，你的房子准备好了。"

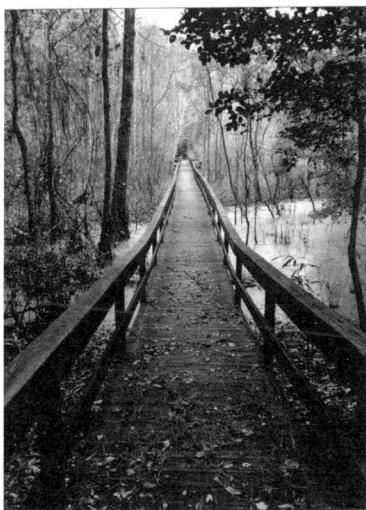

我每日的通勤之路——非常神奇

第 40 章
可怕的改变信使

— * —

1991 年春，我在新房子里安顿了下来，这感觉就像在做梦一样。我对周围的一切都很满意：家庭、公司、寺庙社区。我周围的一切完美得让人觉得不可思议，而我一直都明白这一切并不是我要求的，我如今的生活是由生命之流铸成的。

现在回望，我可以看到将我领入下一个阶段的第一缕风从我脸上吹过。那时我并不明白会发生什么，但我至少知道应该接受发生的任何事。一次又一次，我已经学会了无论自己是否明白身上在发生什么事都不重要，只要我能全心全意地投入于当下，并且相信生命之流已掌控一切就足够了。接下来发生的生命之流就如奇迹一般，它能使我从一整层自我意识中永远得到解放。如果生命能让这些事件实现，我又怎能不完全臣服于她的完美呢？

然而在我们开始之前，我要坦白一件事：我并不能预言未来。我根本就不可能知道如果想要跟上个性编程的既定命运，目前的员工人数就得从 25 再翻上几倍，我将需要把员工增至 300 多人。此外，

臣服实验

我也绝对无法想象为了满足将来的需求，我们的办公空间需要从目前的 4 300 平方英尺增至超过 85 000 平方英尺。如果有人在 20 世纪 90 年代初告诉我这些的话，我会觉得他们都疯了。但为了像那样发展，最好还是有点计划。很明显的确是有计划的，不过我并不是计划者。

一个周五的下午，一个规划检查员突然出现在了我们办公室。就这样，生命为我们的未来发展进行完美准备的故事拉开了帷幕。有这样一个远在树林里的公司，他对此无疑是很惊讶的。他让我立刻给他的老板，也就是县规划的头儿打一个电话。事情就是这样开始的，看起来不太妙。

在以爱而筑工作的时候我就认识县规划的头儿，于是我打了个电话给他。寒暄几句之后他解释说虽然公众并不经常光顾我的商业场所，但我并没有开公司必要的区域规划。我试着和他讨论可行方案，比如改变分区规划，或者取得特别许可证，但都是徒劳。为了让我知道他的看法是铁定不会改变的，他说即使我老爸是美国总统，或者花 100 万美元在这事上面，我还是没法在我的土地上取得任何合法的商业分区规划。

我意识到，如果他完全将我拒之门外，我将会有大麻烦，于是我开始让步。我告诉他说我很欣赏他的立场，但是想知道自己应该怎么办。他叫我去找找临近高速公路主路的地方有没有地皮，因为那是离我的土地最近的商用规划区。当我意识到这么多年来渐渐有机结合起来的小小天堂就要经受改变时，心都碎了。高速公路的主路至少在 3 英里以外，离我的土地就更远了。

我深吸一口气，抬起下巴，向他保证我会解决这个问题。我要求有一段合理的时间来找地搬公司。他没有做出任何保证，只是说会再来检查，看我们是否有达到要求。

生活就是这样毫不掩饰地敦促我去找新的办公地址。挂了电话，我立刻去了里克·卡尔的办公室征求法律方面的建议。他也说我们不能将农业规划用地作商用，因此我们给房产经纪人打了电话，让他尽可能在离我们最近的地方找商用地产。当然，我是不愿意将公司搬离寺庙领地的，但以往的臣服经历意味着我必须保持开放心态来看生命事件之流会将我引向何方。一月又一月过去了，并没有什么合适的选择出现。随着时间的流逝，县政府将公司关闭的风险越来越大。尽管这样，我还是耐心等待生命的下一着棋。

生命在那年 9 月开始了它的下一步。一个人打来电话，在一年之前他把 85 英亩美丽的土地卖给了我们，现在想卖掉与之接壤的 50 英亩，那块地会一直延伸到铺好的县道。寺庙的土地与这块地完美融合，因此我们就买了下来。那个时候我们根本想象不到这次购买最终会与个性编程公司寻找合法办公地址这事产生联系，我们当时不过是在处理眼前的事。

几个月后又发生了一件我们必须处理的事，这事还是和土地有关。据说有人正计划在寺庙刚购头的那 50 英亩土地对面建一个 185 英亩大的建筑废料堆。我们调查了此事，震惊地发现情况确实如此。几年前这块土地被阿拉楚阿并吞，不再属于县规划部而属于一位有名的城市专员，最近有人买下了它以将之用作建筑废料堆。计划是在接下来的 20 年间，一百多辆大垃圾车每天都会在这条路上行驶并把垃圾倾倒在与我们和邻居们相邻的土地上。生命之流就到此为止吧，我认为我们应该被带进绿色的牧场而不是垃圾堆。

邻居们一片哗然。寺庙是这片区域里最大的土地所有者，人们开始问我们怎么办。我们了解了一下这事，事实就是阿拉楚阿市有权为废料堆颁发特别使用许可证——如果城市专员们选择这样做的话。我们别无选择，不得不关注此事，虽然这对集中精力寻找新的办公地点没什么好处。

我们决定最好的办法就是写信告诉阿拉楚阿的市民们：因为市政府并没有对废品进行综合处理的计划，所以把它们放在哪里其实都是可能的，它们甚至有可能被放置在私人房屋边的空地上。我们的目的在于促使政府通过一项综合废品处理计划，而不是像现在这样随意地发放特别使用许可证。

不管你信不信，这奏效了。市政会议就这个议题开会的那晚，市政厅里全座满员。在召集会议之前，市长起立告诉大家不用着急，因为在市里通过综合垃圾处理计划之前都不会让大家投票决定颁发特别使用许可证。今晚不会，之后也不会。委员会感谢了市民们的付出，并承诺尽快做计划。

我们当时并不知道垃圾废料堆一事上的胜利全是因为生命的奇迹之手在照顾个性编程公司。几天后，一通电话让我们知道有185英亩的土地在以非常合理的价格出售，因为垃圾废料堆没有获得许可证。那片土地就在阿拉楚阿市，所以我们被告知它可以用作商业用途。当里克走进办公室告诉我他与房产经纪人之间的对话时，他的表情让我永远难忘。不可能的事发生了——生命之流让一通电话告知我们垃圾废料堆的问题不存在了，更棒的是我们还可以把公司建在此处。里克与我沉默地坐了一阵儿，那间屋子里流动着强烈的敬畏和慈悲之感。我们两人都一动也不能动，更别提开口说话了。

来看看里克和我在过去六个月间都目睹了什么吧。首先，生命非常明确地告诉我必须离开寺庙的领地，另寻新址。当我试图顺从时，所有事仍是杂乱无序。然而突然之间，在完全不知道怎么回事的情况下，一块将把寺庙和未来办公地址连接起来的土地出现在了我们眼前。在那时看来，生命之流向我们展示的状况非常糟糕，因为一些人正准备在临近的土地上修建废料堆。然而真实的情况却是生命正准备赠我们以厚礼——对于个性编程公司的未来来说最完美的一块土地。这块地与寺庙的领地接壤，还能合法地做商用，而之前我们被告知这是不可能的。此外，不要忘了在这些事发生的时候我还只有 25 个员工，根本就不可能知道将会需要这么大一块地。但显然生命是知道的，她把我们照顾得很好。所以现在事情就是这样了，与寺庙土地接壤处有一块地可供个性编程用于合法的商业用地规划，建设的时候到了。

大片土地以如此神奇的方式出现，这使得我不得不重新考虑关于新的办公楼规模的计划。我将原有想法进行扩展，确保这次之后再也不用改建。我们设计了一座 14 500 平方英尺的办公楼，它完全配得上个性编程这样成功的企业。而以爱而筑，这家我多年前就卖给了公司中一个负责人的企业，承接了这个工程，建成了一座精美的大楼。1993 年 6 月，个性编程和它的 25 个员工搬到了不远处的新家。原来的办公室只有 4 300 平方英尺，而现在有 14 500 平方英尺——至少我们应该不用再修办公楼了。

　　神奇的是，事情并非如此。在接下来的一年中，公司规模几乎翻番，我们不得不开始计划再建一座办公楼。2 号楼比 1 号楼更大，并通过有顶篷的通道与之相连。生命为我们提供了足够的土地来处理这些未曾料到的扩展，真是太好了。扩展结束时，我们一共拥有五栋楼，这能提供超过 85 000 平方英尺的高科技办公空间。时至今日，我仍然对生命如此完美地为我们提供了所需之物感到敬畏。

1993 年的个性编程。他们都说这不可能，但生命最终为我们呈现了这个与寺庙土地毗邻的绝妙的新办公楼。真是一系列神奇的事件啊！

2003 年的 **R&D** 医疗经理公司。生命甚至懂得为我们准备好完全想不到的扩展——从一栋楼变为有五栋楼的办公园区。

臣服实验

第41章
未来基础建成

— * —

个性编程的成长是令人吃惊的,这个时候所有的问题都与一个快速成长的科技公司有关。指挥 10～20 人是一回事,管理 55 个人又完全是另一回事。从某个节点起我不得不雇佣经理以更好地管理员工。我尽力避免形成中级管理层,尽量让团队在我的指导下进行自我管理。因为公司是白手起家,员工们也很少离职,所以我们的编程组有巨大的技术和产业方面的知识财富。全美有 25％的独立医生都在使用医疗经理这个软件,诊所业务遍布佛罗里达州阿拉楚阿市。我们是掌控产业需求巨浪的弄潮儿,根本不必去想应该往什么方向发展。要做的事太多了,简直做不完。

1994 年底,我开始意识到自己不可能在管理所有的编程组以及负责这个市值几百万美元企业的财务和管理事务的同时,还为下一波增长做好准备,我需要一些真正的帮助。于是我做了以往所做的事——更加努力地工作并且等待生命之流的行动。

我就是在这种情况下遇到了蒂姆·史丹利。蒂姆是一个专业的软件开发员和IT业高级咨询,他决定把全家都搬到乡下。最终他选择了海斯普林斯这个阿拉楚阿往北几英里处的小镇作为新家。如果你是一个IT业的职业人士,又搬到了我这附近居住,就一定会听说个性编程。蒂姆和别人一样向公司申请了工作,但他和别的人又都不一样——他是又一个奇迹。正如其他一切事物都在恰当的时刻出现一样,生命将这位技艺高超又富有经验的IT开发者兼管理者送到了我面前。最终他不但解决了我们在软件开发中出现的问题,还会解决一个目前尚未出现的重要问题。

我还记得第一次与蒂姆见面的情景。他当时急着想在这一带找份工作,这样才能在孩子开学前把家搬过来。看了他的简历后,我让人事部安排我们在周六会面,这样他就不用翘班。蒂姆很年轻,看起来干净而端正,右手拿着《圣经》。人们一般在面试时并不会这样做,但显然他是个非常虔诚的基督徒,他也想让我知道这一点。我对这毫不介意,但我不确定他会不会对我这样一个扎着马尾辫、穿凉鞋的瑜伽士老板有意见。

我们去了我的办公室,开始互相了解。实际上蒂姆是火箭科学家,他在哈瑞斯公司工作了好几年,为导弹引导系统写代码。我立刻意识到自己可以在"非常聪明"那一栏打钩了。他曾历任软件开发员、团队领导以及项目经理。他在总的项目开发和人际技巧方面非常出色,所以现在已经是德州仪器的高级咨询,为客户运作大项目。有趣的是,那段时间他正在为佛罗里达蓝十字蓝盾公司咨询一个大的IT项目。

当我们开始讨论发展观点时,我发现我们想法上的差异就和穿

臣服实验

衣风格的差异一样。对于我来说软件开发如同创造性的艺术,而他却认为这是工程项目。事实上我明白长远看来,要想成功就得两者兼顾。很明显蒂姆带来了他在财富500强科技公司担任高级软件工程师得来的经验性原则。我们极度需要这种知识和经验。

我们在一起待了几个小时,相互都挺有好感。无论是从职业还是个人的角度来看,他都能完美满足个性编程的需要。但还有一件事需要解决,如果蒂姆要认真地考虑接下这个工作的话,我需要确定他能够接受我本来的样子。某个时候他总会听说街对面的寺庙的事,我决定为了公平起见还是要带他过去看一看。

蒂姆对于寺庙的开放心态让我很惊讶,那些来自不同宗教的艺术品让他着迷,他还问了很多关于冥想和瑜伽的很深度的问题。看来蒂姆并不仅仅是一个非常虔诚的人,他还很有灵性,是个真正敬爱上帝的人。他不但没被我展现的东西吓到,反而还受到了很多启发。那天在分享各自的灵性经验以及信仰之后,我们之间建立起了一条深刻的灵魂纽带。在随后一起工作的十年之间,这条纽带变得越来越牢固。生命显然再次超越了自己。

我雇用了他,我们决定低调地将他作为开发员而非高层管理者纳入公司。他想和我的员工们一起工作,以了解公司的开发环境。按计划,几个月后他会开始重组和管理开发团队。我会继续主管产品方向,而他则负责工程。我迫不及待地想要看看蒂姆究竟能胜任多少工作。

蒂姆加入时,医疗经理这个产品已上市超过15年。最初它是为小型诊所设计的,而现在被用在大诊所和其他各种医疗机构中。对于我们的一些大的代理商来说，安装支持几百用户的系统已是常事。如果这样发展下去，最终会超出这个软件的技术容量。而且客户们也开始要求我们更新整个产品。一切都显而易见：如果我们不做点什么的话，好日子就不长了。如果我们想要为未来打下坚实基础，就必须彻底重写这个产品。

做出这个决定需要坚定的内心。这意味着巨大的投资，拿几年的发展资源和几百万美元去冒险。就在我反复思考我们面前这个项目的艰巨性时，突然想到，这就是蒂姆被送来的真正原因。他就是被送来用最新的开发技术将医疗经理重新做成一个全新产品的。

我们负担不起停止现存系统开发、快速发展的代价，因此我让蒂姆另外聘请了一整组开发团队去做新产品。新产品的名字会是英特杰（Intergy）。我们那时正在建更多的办公楼，那是好事，因为肯定用得上。我完全信任蒂姆，他要什么就给什么。我们花了快五年时间才发行了新产品，但当这一切完成，我们就有了能让自己在市场上很多年都立于不败之地的产品。现在，当我回望，就能清楚地看到如果蒂姆没有刚好在那时出现，我们永远都不可能像现在这样成功。这一切都是怎样一次又一次不断发生的呢？

臣服实验

第 42 章
与此同时——回到土地

— * —

个性编程里的工作太多了,我除了早晚在寺庙里的时间之外,只要醒着就都在工作。寺庙社区已很稳定,几乎不用让我花时间管理。拉达即使要作为个性编程的财务总监夜以继日地工作,也仍然能够管理寺庙及其财务。在所有这些变化之中,寺庙也将会迎来自己的变化。

1994 年底,阿姆里特与信徒们大吵了一架。跟很多我们推上神坛的人一样,他过去的一些不恰当的行为被曝光了。这种情况对于每个人来说都很艰难。当我听说阿姆里特已离开自己的社区后,就邀请他和夫人来寺庙里与我们安静地生活一段时间。当一个人得意之时陪在他身边很容易,而在艰难的时候能留在他身边却需要深厚的友谊。多年以来我们从阿姆里特那里得到了很多,现在有机会回报是一件令人谦卑的事。

那个时候拉达已经在詹金斯的房子里住了几年了。由于那是我们土地上最美的房子,她立刻提出搬出去。1994 年 12 月,阿姆里特和他的妻子搬了进去，在那儿过了近三年日子。离那样一位正在经历巨大变化的高人如此近的距离真是一种神奇的体验。在那里，阿姆里特顺应形势活在当下。这样的情况如同火焰，他将之用于精神净化。他不悲伤，也没感觉受伤，他也不恐惧——他只是完全臣服于经历这个体验。我常常在阿姆里特身上看到在自己内心看到的那些：当动力推动我时，我不在意会付出什么代价，而只是放手自我。唯一有意义的祈祷就是那烈火对于个人的破坏性之强以至于它也切断了束缚的绳索。赤忱相见的时候，我和阿姆里特的共同之处就在于——不顾一切地解放自我。

我也试图感受阿姆里特的经历，也想要分享当一切身外之物都被拿走时的内心感受。我回想起所罗门的智慧：万物皆有季，天下目标皆有时。我曾有幸认识阿姆里特这位世界知名的导师，而现在能够在他经历这个最黑暗的时期，或者，更恰当地说，在这个最黑暗的时期经历他的时候与之亲近，实在是非常荣幸。他从不抱怨，也不郁闷或沮丧，只是每日都更加深入地臣服。既然事已至此，不如借此机会放下自我。

如世间万事一样，能量到时就开始转移了，关于过往的噪音平息了下来，而未来的机会开始出现。一日，阿姆里特让我和他开车去看一处他在奥卡拉国家森林找到的地方。那是一个很小的小镇，在寺庙往南不到一个半小时车程的地方。我第一眼看到它时，简直不能相信自己的眼睛。那是一座相当漂亮的大宅子，坐落在一个美丽的湖边。这片土地上还有五六个小木屋。这对于阿姆里特和他的家庭来说是一个完美的家，走在哪里都能感觉到这就是他的家。我俩已相识多年，我知道他的品位。不可能再为他定制一个比这地方更完美的家了。我不得不忍住眼泪，因为我知道一切都结束了，黑暗时期已经过去。我鼓励他如果有钱的话就买下这房子。当他告诉我这里的价格的时候，我简直不能相信自己的耳朵——这可是千载难逢的好价格啊。

在与阿姆里特相处的整个过程中，我学到了很多关于臣服的事。我所目睹的就是，无论我们是谁，生命都会让我们经历那些必须面对的事。但问题是，我们愿意将这个力量用于自我改造吗？我发现，只要我们愿意在更深的层次处理自身的改变，那么即使是在非常激烈的情况下也不会留下心理伤痕。我自身的臣服体验已经教会我要深刻地尊重生命的变革性力量。与阿姆里特共度的这段时光将会被证明是非常重要的，因为据我所知，生命将会再次经历一次重大的、出人意料的改变。

第八部分

—————————— VIII ——————————

迎接飞速扩张

第 43 章
医疗经理发展

— ✳ —

如果你在 1995 年时问我，个性编程的将来会是什么样子，我会告诉你目前的规模就已是最大，现在面临的挑战是要保持在这个行业内的顶尖优势。如果你问我臣服实验，我会告诉你，这种为了全力拥抱身边发生之事而为的、不懈地放手自我的实践，对于我的精神成长有着深远的影响。事实上，这已成为我的生活方式。我已无数次看到这所造成的神奇结果，而且我的内心也获得了更加深沉的平静。我并没有掌控什么，一切都在生命的掌握之中。我总是有一种潜在的热情和激动想要看看下一步会发生什么。毕竟，我们的历程已能说明一切。

1995 年底，个性编程已有 75 位员工，手里的工作也足够让我们忙上很长一段时间。我热爱我们所做之事，而且显然我们也很擅长于此。我们收入已达 1 000 万美元，因为收入大部分来自版税，所以净利润有五六百万。此时，医疗经理已问世超过 15 年，它也正在影响着千万人的生活。从我很有局限的眼光看来，我认为我们在可见的将来都会这样一直走下去。

当了解到系统＋和其他分销商正在讨论合并为一个公司的可能性时，我第一次感到了巨变已再次出现。显然他们觉得这样有助于在全国范围内增加竞争力。很快我的一个大分销商来访了，他叫约翰·康，来自坦帕总部。他说他在做一个将所有医疗经理分销商合并为一个联合公司的提议，他的计划就是先买下个性编程、系统＋以及三四个大分销商。他又解释说这样做需要一笔相当大的启动投资，但这些他都已组织好了。约翰的表述非常专业，但我还是不认为个性编程需要参与进来。于是我告诉他，我愿意从法律层面上承诺让医疗经理为新公司提供服务。这个时候他才说出了让人震惊的话：这个公司的任何投资者都会坚持这个重要软件要由公司本身所有。

一想到要出售个性编程我就很不舒服，但想到这几百个分销商和系统＋都会因为我而无法获得他们辛辛苦苦赚来的价值，我就更不舒服了。我告诉约翰，自己对于以任何价格出售公司都没有兴趣，但如果我的犹豫会让其他所有人都无法实现他们的梦想的话，我会考虑他的提案。我还说，如果他能够成功地让更多的人参与他的计划，可以再来见见我。然而我真正希望的是这事会慢慢自己就过去了。

几周之后几个大分销商和系统＋入伙了，约翰又来找到我。命运的暗示已足够明显，和以往几次一样，我不得不将自己强烈的个人偏好放到一边，而向眼前发生之事臣服。我一点也不喜欢这样，但我全身心地投入，就想看看向生命臣服的这条道路究竟会把我引到哪里去。

约翰·康为个性编程在新公司里开出了相当有说服力的现金和股票方面的条件，然后他就开始合并五个公司以及筹集为实现此事需要的资金。投行的人认为通过向公众出售新公司的股份是筹集必要的 150 万美元资金最好的办法。第一次公开上市（IPO）的日期定在 1997 年初，但还有很多事得先做好才行。

我将会面对一个怎样的世界啊。个性编程已渐渐从只拥有一个员工的小公司发展了起来，如今，它已是一个管理完善、非常成功的私人公司。当好几个独立经营的公司最初被放到一起时，是不可能出现这种程度的完善管理的，因为会有预料之中的权力斗争、并购问题以及层出不穷的法律和财务问题需要妥善处理。然而，我不能允许自己陷入那样的负面思维。我保持开放的心态，积极投入发生的事。

新公司将会被命名为"医疗经理公司"，必须承认的是我喜欢这个名字。我记起 1981 年刚完成这个软件的时候，我想到的就是这个名字。而 15 年后，医疗经理将成为一家上市公司。在大事发生的前夜，我满怀敬畏地看着臣服实验将我引向的地方。

第44章
医疗经理公司

— * —

当此事尘埃落定的时候，我就会成为公司总裁，约翰·康是董事长，而里克·卡尔则是总顾问。公司总部将会设在约翰·康在坦帕的房子里，里克·卡尔和我则在阿拉楚阿的办公室工作。公司将以医疗经理公司（MMGR）的名义在纳斯达克上市交易。

就在快到1996年年底之时，那班律师和投行人员已完成了合并公司的所有文书工作，同时在处理IPO的事务。我还记得那时我和父亲的关系相当有趣。父亲大半生都是一位股票经纪，已在美林证券工作了三十多年；他的独子从商学院研究所退了学，跑去住在树林里冥想。我从未离开过树林，但忽然之间我进入了父亲的世界。他不停地说他无法相信摩根士丹利这个世界上最重要的经济公司之一会对我的公司有兴趣。美林的医疗分析师在密切监控我们即将到来的交易，这也让父亲相当惊讶。他对于我们公司即将上市的事很有兴趣，我俩最近的谈话时间比过去20年加在一起还要多。这也说得通，因为我们现在有了共同话题。

臣服实验

这种与父亲亲近的机会让我感觉非常谦卑。我将这看作因为向生命之流臣服而发生的又一个神奇事件。不久之后，父亲就去世了。但可以确定的是，他很享受在公司上市、医疗保健行业以及华尔街行业等方面用自己毕生所得的经验向我提出建议。

尽管目前为止我已目睹了一系列的神奇事件，但这其中没有一件事能为下一步发生的事做好准备。IPO之前一周左右，我在纽约的律师发来了一张行动项目清单。我据此一项一项地办事，在要求的文件上签字以及准备好必要的文件。最后一个事项第二天就到期了，因此我急急忙忙跑到银行去拿保险箱。我平时很少碰这个箱子。我早在1971年就租下了它，就是为了用它装我当时唯一的财产，即我最初10英亩土地的地契。

单独面对保险箱的时候，我开始寻找律师要求的文件。箱子里东西不多，但里面的每样东西都像时光机一样。我看到了自己土地最早的地契——自那时起发生了很多事情。任何有正常思维的人都无法想象，自从我决定辍学，在森林里生活之后发生了一系列怎样的事。当我找到需要的文件时，我的时光倒流之旅被打乱了。我抽出那张三折的纸打开。这是15年前我注册个性编程公司时得到的股份证书。这张证书被我放进保险箱时只对我一人有价值。然后它就像一吨重的砖头一样砸中了我，这个世界上最懂行的投资者认为这张纸的价格超过1亿美元。

我口干舌燥，眼泪也涌了出来。我曾放弃一切，但生命以十倍回馈给我。当我决定放手自我、将生命奉献于服务眼前展现的一切时，每年的收入还不足5 000美元。以爱而筑成立后，它的年收入从几万美元增至几十万美元。在个性编程成立后，销售额和版税收入很快达到几百万，然后是几千万美元，如今我处理的已是上亿的资产了。让我感动的并不是金钱，而是主导我命运的隐形之手。我站在银行里，让那张文件从哪里来就回到哪里去。我发誓要为这个我亲眼看见生命一砖一瓦建成的公司服务，也要用那些被托付到我手里的钱去帮助他人。我深吸一口气，关上保险箱，准备好将股票证书送到纽约。

臣服实验

第 45 章

成为 CEO

— * —

1997 年 2 月 2 日,医疗经理有限公司成功地通过 IPO 成立了。远在阿拉楚阿树林里的我不但仍然是研发部门的总裁,还担任了新公司的 CEO 和董事会主席。对于作为 CEO 要承担多少工作我毫不了解,但我很快意识到自己通过多年冥想而练就的专注力将在工作中发挥作用。我已臣服,而这则是生命给我的任务。这是我灵修之旅的一部分,我已完全准备好尽全力投身其中。

我做的第一件事是采取必要步骤,确保我清楚公司的情况。我身在阿拉楚阿,而另一群思想独立、惯于经营自己企业的高管们则分散在全国各地。如果我要对公司负起责来,就得了解很多信息。这就需要定期的电话会议和大量的汇报,只有这样才能随时跟进大家的情况。当我宣布每位高管每周都要提交一份关于各自辖区内大事的报告时,绝对有人是有怨言的。但我们要一起经历很多事,我希望每个决定都是群策群力,而不是某一个人的决定。

然而很快我就意识到,要跟进所有这些每周汇报以及为高层电话会议做好准备非常困难。我很需要帮助。也许你已经猜到了，我确实也会得到那些帮助。

我们不会称之为奇迹，但这一次，一位名为萨布丽娜的女士再次展现了生命的奇迹。几年前，保罗·多宾斯和她在我们公司的一次全国分销商研讨会上相遇，很明显，他们一见钟情。在那之后不久，保罗告诉我萨布丽娜要搬过来，他们要结婚。我并不了解萨布丽娜，但当时她对瑜伽和冥想都没什么兴趣，而保罗希望她能搬到这个以瑜伽为基础的灵修社区来，我对此有些担心。保罗向我保证说她会适应得很好，还说我会很高兴她来公司工作。臣服、臣服、臣服，除此之外我别无选择。

实际上萨布丽娜是加州一个小型的医疗经理分销商。从 13 岁起她就开始销售、安装实践管理软件并且对其提供技术支持。尽管她刚进个性编程时才 22 岁，也没有上过大学，但我很快就发现她做起高级业务分析来相当自如。尽管她之前并无这种高层管理的经验，但我成为 CEO 后还是时常向她寻求帮助。

在萨布丽娜的帮助下，我作为 CEO 的一个主要职责就是要壮大公司。幸运的是这不是一个普通的公司，新成立的医疗经理公司有着非常好的发展前景。首先，当我们获得分销商时，公司就自然会发展。我们已有将近 200 个分销商，其中不少对于我们来说都是很好的收购对象。只要我们能不断地让新的分销商加入公司，公司就自然会壮大。

然而，更让我感兴趣的是通过电子方式将我们大量的医生与其他医疗行业，包括保险公司、实验室和药房连接起来后将产生的巨大增长。一旦联合起来,我们为医疗系统所提供的自动化程度就不但能节省开支,而且能提高效率与改善病人体验。

我告诉萨布丽娜,公司的第一项计划就是让我们几十万医生的医疗保险和其他医疗保健交易电子化,我还告诉她这些都将由她来管理。医疗经理网络服务就这样诞生了。这个企业在多个层次上都如此成功,简直令人难以置信。它始于一个灵感,之后发展成为一个年经营额为 1 亿美元的企业。在短时间内,我们就引领了电子交易这个行业。

在随后两年中,公司以飞快的速度发展。我们不断获得更多的分销商,在全国范围内的发展意味着我们可以为更大的客户提供服务。同时,我这辈子都没有像现在一样努力工作,但工作并没有让我筋疲力尽,事实上,它对我产生了正面的影响。我越将“米基”放手,全身心地投入到生命给我的任务中去,就有越多的精神能量流在内心增长。似乎让自己与外在的生命之流结盟,那美丽的内部能量流就自然增强了。如今我已完全确信,只要能够不断地放开那些以自我为中心的想法以及情感,就能够最终达到深刻的个人、职业以及精神的成长。

第 46 章

网络与医疗

— ＊ —

有大概 30 年的时间，我目睹了自己周围很多完美事件的发生，这让我不再想要去干涉生命之流。一次又一次，那些初看像是麻烦的事实际上却变成了带领我们前进的变革力量。1998 年底，我们的执行策略开始关注互联网对生意的影响就是这样的一个例子。我们开始担心那些竞争者很快就可以不用建立分销商网络，不用付出高昂的代价，就能与全国的医生联系。约翰·康和我都很清楚有两家医疗互联网公司——永健（Healtheon）与网络医生（WebMD）公司都正在以越来越快的速度抢走我们的医生客户。我们明白，如果要想在未来的互联网世界中立于不败之地，就必须要做点什么。

就在这个时候，约翰·康通过介绍知道了一家在新泽西，名为辛内提克（Synetic）的公司，他们正在建立一个非常高级的医疗互联网平台。这个公司拥有整个行业里最好的管理团队，其他所有刚起步的公司看起来都不是它的对手。

对于与医疗经理有限公司的合并，辛内提克公司相当有兴趣。

臣服实验

他们的梦想是通过他们的互联网入口，来处理医疗行业里的所有交易。当他们将目光投向我们时，看到的是数十万的医生已经通过电子的方式连接了起来，以得到广泛的服务。如果能为所有这些医生处理交易，那么行业里的每个人都会想和他们做生意。辛内提克公司的作用就是要让我们已经建成的这些财富达到一个新的层次。

1999 年 5 月，约翰·康安排了一次我和辛内提克董事长马蒂·维高德的会面。马蒂和我住在美国的两头，因此他建议我们在得克萨斯中途岛的一个私人机场见面。中途岛这地方地如其名，基本上刚好就在加州和佛罗里达中间。于是我租了架私人飞机，飞了过去。

独自坐在飞行在四万英尺高上空的六座私人飞机里是一件惬意的事，我进入冥想，心绪宁静。再次睁开双眼时，我领会到了自己身处的环境与最初决定放手自我，让生命引领我时的巨大差异。我仍然住在那片树林之中，每日早晚也仍坚持练习瑜伽和冥想，然而其他方面却都已发生了巨大变化。我回想起有多少次自己都对生命展现的变化感到不适。开始的时候是很难不有所抵触的，但渐渐地，我看到了放手自我所引发的事情，这整个过程就慢慢地变得越来越自然。我的生活里全是那样的事，我无法指出自己生活中有哪一件事不是向生命臣服的后果。这样的历程让我感觉自己非常渺小，再也不想对生命有所抗拒。我深深地爱上了这种兴奋，对于未来可能发生的事也满怀期待。我就是怀着这样的想法出发去得克萨斯与辛内提克的董事长见面的。

对于我来说，这个计划好的合并就是接下来会发生的事情。我都不需要想这事；我已经知道自己内心并不想与辛内提克或别的公司合并。我喜欢自己的工作,20年来,内心燃烧的愿景一直推我向前。自写这个神奇的程序开始我就有了这个愿景,从此以后它就一刻也不曾消失过。日日夜夜我都被它鼓舞着,既不想吃,也不愿寐。它驱使着我去完善这个程序以及它的分销,还有对于那些信任我们的医生的支持。我感到这是生命给我的任务,能够去做这些事是我的荣幸。我也没有失去半点以前对于探索内心深处状态的专注和渴望。向生命臣服**就是**我通向自我实现的道路,毫无疑问它是有用的。我的生活并不是建立在自己想要或者不想要什么的基础之上,很久之前我脑袋里就不再有这种想法了。我一直忙着去做生命给我的任务。这就是业瑜伽的最高体现。我将生命献给宇宙之流,它不但接受了,还将我吞噬在其进程之中。我不在乎自己身上会发生什么,我在意的是公司、员工、医生们,以及最重要的,那驱动我心中每一个节拍的完美愿景。

尽管那一切听起来很美,但我还是意识到,自己身在喷气式飞机里,正飞往得克萨斯中部的小机场与一位陌生人见面,讨论如何让他来控制公司。而这就是底线。现在的趋势是我们所能提供的东西已经跟不上公司的发展了。那次约翰·康与我的关于这个交易的讨论已经让我知道了马蒂的厉害。我的主要问题就是控制,我想要保持这个梦想,保护公司不因为严格的财政收入而被滥用。马蒂已经同意让约翰、我以及几个医疗经理有限公司董事会的成员进入联合公司董事会。他也同意让我成为董事会的联合董事长,约翰和我会成为联合 CEO。为了提高大家的积极性,新的联合公司会保持原有的公司名称——医疗经理有限公司。

尽管在上市公司合并方面我还是新手，但我敏锐地知道我们能够得到这些高层位置意味着什么。这意味着马蒂对于自己的权力地位非常自信，即使把这么多权力让给他完全不熟悉的人，他也丝毫没有觉得受到威胁。无论怎么说，如果这笔交易达成，马蒂将会成为我的老板。如果考虑到我今年已经52岁，而在这之前从未有过上司，这整件事情就更有意思了。我尽力搜索了所有关于马蒂的资料，他是一个白手起家的亿万富翁，业余爱好是养马和赛马。他是通过在华尔街买卖公司发展起来的，一手建立了好些非常成功的公司，其中就包括美可保健公司（Medco），几年前他以60亿美元的价格把这个公司卖给了默克制药。最重要的是，他在高端商业圈中深受尊重，不止一篇关于他的文章曾用到"天才"这个词。

马蒂提出以13亿美元的价格收购医疗经理有限公司。我们董事会里的成员都倾向于接受这个交易。我相当确信所有的因素都指向这个方向——这也是我飞过去开会的原因。我所不知道的是在这个更大的公司环境中生活会是什么样。我意识到自己永远不可能提前得知所有的事，我准备好了再次向生命之流臣服。从个人出发，我更有兴趣看看马蒂会怎样对我，而不是我会怎样对他。我是一个扎着马尾、从不穿正装的瑜伽士，而他肯定是更加传统的生意人。我们的会面会起作用吗？

马蒂和他的一个负责商业发展的员工乘着他的喷气式飞机飞了过来。会议只用了几个小时，一切都如预期一样进行得不错。双方都已花了大量时间来分析这个并购提议，因此到我们见面的时候协力优势都已经十分清楚了。我发现马蒂很实在，也很平易近人。他就是公事公办的样子，我很喜欢那样。我提出了（准确地说是坦白）对于寺庙、我对于冥想的痴迷以及我的另类生活的讨论。我知道自己不会放弃这些，因此应该让他知道自己将会面对什么。很明显马蒂不是普通人，他心有大志，最在意的就是公司的发展。对于我的个人生活方式他完全不感兴趣，但在我说到自己每日工作有多努力时，他听得十分专心。他说他的妻子也练瑜伽，于是我想，既然他来自加州，就一定遇见过我这样的人。当我俩握手告别时，我还完全不知道自己最终将在他身上学到很多关于个人生活和工作方面的东西。

第47章
合并——但不是与宇宙

— * —

多年以来我已明白，自己对于生命会在何时将我置于何处一无所知。事实上，这也不关我的事。我的工作是要继续臣服以及服务眼前的事物。那一日的情况也是如此。我在主持一个特意召开的医疗经理有限公司董事会议，讨论与辛内提克的合并。

医疗经理董事会的成员都相当活跃，很多人都有丰富的生意经验，其中一位之前是通用公司的财务主管。董事会正在严肃地考虑公司发展的不同计划。我们去年的营业额为 1.4 亿美元，而辛内提克公司营业额为 7 000 万美元，但他们公司网络入口的巨大潜在价值使他们的市场价值远远超过了我们，使他们成了很有吸引力的合作伙伴。最终，董事会一致同意接受辛内提克公司 13 亿美元的出价。

我自然从未涉足过 10 亿美元的并购案，但我们有极好的外部咨询以及一群很不错的银行家提供帮助。我让萨布丽娜协助我做这个大方案。马蒂让并购进行得很快，所有的细节工作都得在接下来几周之内做好。我们夜以继日地工作以向双方董事会提交最终的交易方案。1999 年 5 月 17 日，并购得以公布。

医疗经理有限公司和辛内提克的合并引起了不小的轰动，当日晚上就成了 CNN 电视台的主要商业故事，第二天《华尔街日报》也以显要标题报道了此事。新公司沿用了医疗经理有限公司这个名字，约翰·康和我担任董事会的联合 CEO，马蒂则是董事长。尽管我仍住在宇宙神庙里，每日只用驾车穿过街道去上班，我的世界却立刻扩大了很多。我的职责范围从之前的实践管理业务扩大到了马蒂的团队所涉及的所有业务领域。事实上，那也是这次合并最激动人心的部分。如今我和一群世界级别的高管们一起工作。马蒂周围的人都是人中龙凤，能和他们一起工作简直三生有幸。

事实上，辛内提克的主要竞争者都是我们的老朋友，永健与网络医生这两个公司如今也合并到了一起。这个公司对我们的医疗互联网平台形成了有力的竞争。问题是，在市场里大量资金被永健/网络医生公司抢先吸收之前，我们是否有足够的时间来建成一个高度复杂的网络。

2000 年 1 月 25 日，问题的答案出现了，那时我们与辛内提克公司才仅仅合并六个月。一觉醒来，我们发现永健/网络医生公司已经收购了理赔结算领域的龙头老大使节公司（Envoy），收购价为 25 亿美元。考虑到永健/网络医生公司只是一个亏损巨大的网络创业公司，而使节是一个声誉良好、利润很高的医疗事务交易所，这次并购很是非同凡响。由于这次交易的发生，我们很快意识到公司竞争地位难保。从医疗经理公司的角度看，这次交易意味着现在我们的竞争对手拥有了这个交易所,而每年来自客户的上亿次理赔都是通过这个交易所处理的。有时候我会很庆幸自己不再是公司的首要负责人,2000 年 1 月底绝对是那样的一个时候。

第48章
一日建成罗马

— * —

在随后的董事会议上，马蒂显得沉着又冷静。事实上，他看起来甚至比平时更敏锐。无论是面对平顺还是挫折，他都表现得很出色。他与董事会成员一起梳理了可能的方案，最后决定我们要尽力与永健/网络医生公司谈判，达成一个不错的合并协议。这是典型的"如果你不能打败他们，那就加入他们"的例子。问题是，我们都很清楚，他们公司的基础非常薄弱，整个公司完全建立在其未来表现的愿景之上，而市场对它的估值是70亿美元。不幸的是，我们最有希望的成功之路就是与他们合并，并通过所有艰难的工作使之实现。

这简直令人难以置信，就在我们得知永健/网络医生公司与使节公司的交易的三周之后，医疗经理公司就与永健/网络医生宣布了合并协议。那是在2000年的情人节，2月14日。这次交易对医疗经理公司的估价是35亿美元，华尔街称其为医疗行业两大巨头的合并。这事成了各个媒体的头条，这个公告使得医疗经理公司的股价达到了每股86美元的高点，而三年之前上市的时候，每股价格只有

17.6 美元。

但欢乐是短暂的。就在宣布合并几周之后，对互联网公司的过高期望导致的臭名昭著的网络泡沫开始破裂。我们还没有结束交易，然而 2000 年 4 月，永健/网络医生公司已损失了 70％的价值。我们的股票是通过合并协议与之绑定的，也因此下跌。那完全是一场灾难，唯一的希望就是努力做事，重建整个公司。

这个任务相当艰巨。网络医生是典型的互联网公司，而网络泡沫的破灭才刚刚开始。网络医生的股价曾超过 100 美元，当我们关闭交易时已跌到了 17.5 美元，而在 2001 年 8 月则达到了历史最低价——3 美元。当时的形势需要非常手段，说干就干。

交易关闭一个月后，马蒂成了董事长，他和他的精英管理团队在管理公司。我仍然是实践服务部门的 CEO，并在合并公司的董事会任职，这个公司依旧保留了网络医生的名称。马蒂找来了马弗·里奇在大规模重组期间担任总裁，他是一位老练的扭转乾坤的专家。公司正每年亏损上亿美元，必须尽快止血。马弗的工作就是对所有部门动手，使之裁减至核心竞争力。所有留下来的都是与网络医生的核心愿景一致的，并且可以快速开始盈利。

我们面前的任务令人惊叹，也为我个人提供了巨大的成长机会。我发觉自己身在一群从不抱怨的主管中，他们只是撸起袖子处理这个巨大的项目。每个人都夜以继日地在做事，以挽救这艘正在沉没的大船。多年来我一直勤奋工作，以让自己免于成为那个总是坚持事情像自己想要的那样发展的弱者。如今事情不再是任何人想要的那样，但每个人都深吸一口气后去做自己应该做的事。能够参与其中,十分神奇。它也教给了我关于内心力量的一课,而这会在一个很深的层次上让我发生永久的改变。

一天,马弗打电话叫我陪他去加州,那里正在开发网络医生公司的网站。如果与我们合并的永健/网络医生公司有什么主要财产的话,那么这就是了。马弗想要我作为开发专家与网站开发团队一起参加会议。公司的大部分损失都来自他们的互联网产品,这事必须得解决。除开损失,还有一个问题就是开发团队希望从新的网络医生公司管理者手上得到高薪和福利。他们以为自己控制着公司的整个互联网产品的发展,就一切胜券在握。

到达目的地时,我简直不敢相信自己的眼睛。八百多名开发人员在硅谷里一个仓库改造的巨大办公地点中工作,目力所及之处全是小小的隔间。我原以为我们在阿拉楚阿的开发团队已经扩张得够大了,我们有 250 来人,而这个开发团队是我们的三倍还不止,大家就像沙丁鱼一样挤在一起。

不幸的是,会面持续得并不久。马弗和我与他们的高层管理团队坐在一起,倾听他们的需求。他们把那些需求都详细地印了出来,有好多页。他们讲完后,马弗展示了他愿意提供的东西,只有短短一页。开发团队的头儿们在一起碰头,没过多久他们就带着回复找到了马弗——必须要满足他们的条件,否则就辞职走人。

我有很多需要向马蒂和马弗这样的人学习的地方,对于这些过程我完全抱一种开放的心态。我本以为下一步就是找出哪些是我们离不开的员工,然后勉为其难地接受条件。但事情并未这样发展。安静地放松了几分钟后,马弗从椅子上起身,并示意我与他一起走。

他离开会议室,将当时的整个开发团队就地聚集在开放的隔间空间里。他解释说开发团队的高层管理人员都已辞职,任何想要跟随他们的人都必须现在做出决定。而他也不能担保希望留下的人就有工作,但在随后几周我们会一起来看看要保持核心发展的进行需要哪些人。事情就是这样。马弗留了几个手下的人负责离职事宜,然后我们就走了。

关于这件事,马弗对我说的唯一一句话就是,如果你让别人威胁你,那他们还会强迫你做出更多糟糕的决定,然后你就会输掉。你最好一开始就直面困难,至少将命运掌握在自己手中。谁能相信就在几个月之后,马蒂的一个高管会将网站开发部门搬到纽约,而整个团队不到 40 人? 这个新网站成了网络医生公司全部未来的基础。

一次又一次,我看到这些充满挑战的商业经历对于我的精神成长非常有利。我只要不断放开内心的任何不适,就会有一股更强的精神能量不可避免地取代它。这壮大的力量帮助我为生命的下一个成长经历做好准备:那是马弗的重组团队最终瞄准我的部门时发生的事情。

我们的部门当时被称为医疗经理实践服务部门,是网络医生公司最大的部门之一。这个部门的人员已增长到几乎 2 000 人,这让我们成了削减人员的对象。考虑到这一点,马弗将重组团队带到阿拉楚阿开了两天会。第一天需要我们展示商业计划以及未来规划,幸运的是,我们已准备好用目前产品成功的创收来让它们以及我们正着手在做的产品和服务在马弗面前过关。萨布丽娜也展示了医疗经理网络服务的效益从三年前的几十万美元到现在每年 5 000 万美元的巨大增长。这当然也对我们很有利。

正是在这些展示中，我才真正意识到发生了什么。约翰·康和我确保了医疗经理没被永健和网络医生这样有巨大潜能的互联网公司远远抛在后面。同时萨布丽娜和我又设法得到了使节公司或一些其他的交易所，以充分发展得以实现我们的网络服务的规划。尽管我们要面对各种问题，但神奇的现实就是当尘埃落定，我们最终拥有了这三个公司：网络医生、永健、使节。就在不久之前还没有人能想象这种事的发生。这与我经历的其他事一样，不可想象之事真的发生了。

给马弗及其团队的报告进行得很不错，一整天里房间里充满了一种明显的兴奋。然而那天晚上，当我再次回到会议室时，眼前所见让我震惊。房间的墙上贴满了打印纸，上面是所有医疗经理实践服务部门2 000名雇员的名字。它们就像墙纸一样贴在那里，预示着明天的计划：名单上的每个人都需要被证明其存在的必要性。我很震惊，特别是最近我们为了跟上部门发展还要求引进了更多的员工。

那晚回到家，我仍在为员工的命运担忧，明天的场面有可能会相当难看。同时，我也明白马弗必须要缩减开支，作为公司高管，协助他是我的任务。要是在以前，当前的状况又会让我内心紧张不安，但我决意向现状臣服，对于平衡心中两种顾虑持开放态度。那个夜晚我很平静，知道我的心安然自若，当明日到来，我将全力以赴。

第二天早上进会议室时，我又一次被眼前的场景震惊了。那些打印纸被取了下来，墙壁恢复了往常的样子。我还没询问怎么回事，马弗的二把手把我带到了大堂。他告诉我说昨晚他和马弗见了面，他们的决定就是跳过"放血"，允许我们继续现在不错的工作。他说他们对我们的成就以及未来的计划印象深刻。他们觉得第二天没有必要再开会了，所以马弗一大早就乘飞机走了。他的团队整理好一切，与我们握手告别，然后就离开了。直到今天我也不知道我的管理团队有没有看到过墙上那些不吉利的纸。

几小时后，我收到了来自新泽西公司总部人力资源负责人的电话，直到这时我才意识到这样的事有多不同寻常。他非常兴奋，开玩笑地问马弗在阿拉楚阿的时候，我是不是给他下了药。他还说他怀疑这种事在公司历史上是第一次。我们都很清楚马弗的目标是削减开支，他带着那样的目的来了却又走了，这对于我们部门的质量和作为经理的马弗来说都是一曲赞歌。2000年时我和医疗经理得到了许多赞美，但对于我来说，没有什么比收到我尊敬的人的信任投票更有意义的了。

第49章
在华盛顿

— ＊ —

2000年不但带领我们进入了新千年，还带来了对于医疗经理所取得的成功巅峰的一连串认可。对于我这个刚坐上神坛的人来说，这完全是为生命之流的完美唱的一首赞歌。我没有寻求任何认可，我只是投身于生命之风，看它将领我去何处。

一位前董事会成员雷·科兹威尔邀请我3月去白宫，参加他接受国家技术荣誉奖章的仪式。雷有很多重大发明，其中一项是第一枚能让电子键盘发出像大型钢琴和别的乐器的声音的微芯片。他也被认为是语音识别软件之父之一。雷曾是医疗经理董事会的成员，而我也曾列席科兹威尔教育系统董事会，在这期间我们成了好朋友。他甚至还和我们一起在寺庙里待过几次，对东方哲学表现出了很大兴趣。去白宫我得穿燕尾服，这和我平时的着装差别很大，但对于与雷一起参加这个仪式，我很兴奋。

和很多人一样，我曾作为游客去过白宫，但这次的身份可是总统的客人。在仪式之后有个鸡尾酒会，我们被允许在一楼的房间里自由行走。我从绿屋的窗户看出去，那里可以望得见华盛顿纪念碑。我在想有多少位总统曾与我看过同样的景色。要适应坐在这些房间里的古董家具上就已经很难了，而我又意识到所有与我交谈的人都是某个科学领域的国家荣誉奖章获得者。克林顿总统也在人群之中，我甚至还在走廊里碰见了史蒂夫·旺德。总之，这是一个"我在这里做什么"的时刻。我是一个搬到树林里去冥想的瑜伽士，我向生命之流臣服，最终我到了这里——真是不可思议啊。

那并不是我那年唯一一次去华盛顿。就在之后一个月，我又作为医疗经理的代表去参加了这个软件被收录在史密森学会的档案里的仪式。史密森学会赞助了一项举措，要将信息科技革命为后代记录保存下来。就像我们现在看待工业革命一样，终有一天人们会因这个时代计算机对我们生活的变革感到着迷。每年都有一帮来自全世界领先的 IT 公司的总裁们来找出那些在这个领域做出卓越贡献的机构。医疗经理公司因其在电子医疗交易领域的贡献，被选为2000 年卓越机构之一。产品的故事将被保存在为未来准备的时间胶囊里。头一天有个盛大的晚宴，第二天在博物馆有个仪式。我带了几个老员工以及唐娜和杜尔迦一起去。回想 20 年前我独自坐在树林里那间 12 平方英尺大的房间里写程序时的情形，谁都想不到那最终会让我来到史密森博物馆。

结果，同年 8 月，我又因一个重要原因再次来到华盛顿。我被要求作为公司代表出席一个与司法部的会议。在大型公司合并前，美国政府保留裁定这次合并是否会扼杀竞争、违反反垄断法的权力。在永健/网络医生与医疗经理的合并这件事上，政府要求我们提供详尽的信息以及面对面的会谈。其中原因就是医疗经理网络服务给使节公司发送了很多索赔要求，政府开始担心是否该允许我们成为同一个公司的一部分。对于这个情况，我的反应是深深的谦卑。难道医疗经理公司已经如此成功，以至于美国政府都要开始在它身上实施反垄断法了吗？就是我在商学院学的那些个法律？事实并非如此啊，但我们得让他们也相信这一点。

萨布丽娜和我飞到华盛顿去为与司法部的会议做准备。就在这段时间，我开始注意到自己的生活充满了越来越多的律师。我们在华盛顿最大的律师事务所之一开了一个策略会议，那里到处都是律师，但总有人会脱颖而出。吉姆·默瑟是马蒂的诉讼专家，他精通法律和商业。我已经对他有了很深的尊敬和信心。我非常高兴他能出席司法部门的会议。

而我当然从未与司法部门打过交道。我的日常生活并非走进司法大楼，被一大群律师围绕着。然而在几小时的强烈质疑后，萨布丽娜和我设法平复了政府的担心。当我们解释完时，人们都明白了这次并购并不会产生任何垄断问题。尽管这次磨难结束时，大家都松了一口气，但这个经历确实让我们学到了很多。

面对这些权威人士和状况的经历对于我密切关注的心理产生了深远影响。之前我从未接触过这样强大的生活方式。我对此种生活并不感兴趣，也不想从中得到什么，但这些经历的确让我需要去处理那些之前我不需面对的自我。如果看到任何软弱、恐惧或焦虑的出现，我就会只是放松地回到观望之处。无论出现什么，我都只是放手。这是生活将我带往的地方，所有这些情况都是我用以放手自我的方式。这样也是有效的。我不断被推向非常正面或负面的情景。我越来越发现自己处于一个非常清晰而泰然自若的状态。似乎生活给我越多的挑战，我的内在能量流就越不会受到外在因素的影响。我身上没能被常年执着的冥想去掉的部分，却被生活的境况与挑战根除了。只要我戒除执念，任何情况都是有益的经历。如果我之前尚有任何其他目标，那么那些不断的压力就会让我难以承受。然而在我与那些不断升级的挑战交手之际，内心却感觉越来越平和。为了应对明日的任务，每一日，生活将我塑造成自己需要成为的样子。我要做的就是放手，不去抗拒这个过程。

在接下来的几年间，我的医疗经理实践服务部门持续成长，达到了它财务成功的顶峰。我们的员工增长至 2 300 名，年收入为 3 亿美元。我们是被最广泛安装的实践管理软件供应商，也正将注意力投向建立一个完全计算机化的电子健康档案。那是一个充满巨大挑战的时期，也让我经历了前所未有的成长。我全然不知生命戏剧化的大门正要再次打开。当事情真正发生的时候，它将为我重新定义经历一次转型成长意味着什么。

第
九
部
分

———— IX ————

完
全
臣
服

第50章
突 袭

— * —

那是 2003 年 9 月 3 日，一个星期三。我记得那个日期，是因为那段时间每个周三早上我都因为调养身体的关系要去盖恩斯维尔见钱斯医生。见完医生我发现有封来自丽莎·艾略特的语音邮件，她是公司阿拉楚阿研发中心的常驻律师。她在语音邮件里说有要紧的事，于是我还在停车场的时候就给她回电了。我通过她的手机联系上了她，她听上去很高兴接到我的电话。她的声音听上去反常地紧张，我意识到有什么事出了大差错。她开口告诉我需要立刻到办公室，因为联邦调查局的人来了，他们想要见我。我立刻想到了几年前一个到研发中心来寻找一个之前的员工的法警。于是我问丽莎他们是不是要找什么人。她说："**不，是联邦调查局的人**，有 12 至 15 位探员，还有治安部的人。他们控制了整个中心，拔掉了所有电话线，关闭了整个电脑系统。这是一次彻底的突袭，直升机在头上盘旋，探员们都带着武器，他们还有搜查令。你必须马上过来！"

我清楚地听到了她说的每一个字,我也听出了她说话时那种急切的语气,但这太荒谬了,我无法以任何方式理解。这就好像——他们可能把行动地址搞错了。我觉得这就是这事并没有让我很烦恼的原因。事实上这事挺让人兴奋,因为我就快要让他们知道他们出错了。我问丽莎现在情况如何,他们为啥在那儿?丽莎说她毫无头绪,但同样的事显然也正在我们公司总部以及坦帕的办公室发生。她一直试图打电话给我们的法律总顾问查理·米勒,但没能打出去,公司所有的电话都断线了。我向她保证我会很快就到。

　　在开车去办公室路上的20分钟里,我试着给每个我觉得可能知道点什么的人打了电话。就在我在研发中心停车时,还是不知道这是怎么个情况。前车道里停满了警车,那些前来上班的职员都正在被劝离。我将车停在一位警官面前,说明了身份。他用无线电打了个电话,然后立刻示意其他人让我通行。当我驾车驶过美丽的干草地间长长蜿蜒的车道时,看到执法车辆停得到处都是。到达1号办公楼的时候,我看到了警长部门40平方英尺的移动指挥中心就设在停车场里。那个时候我们有五栋办公楼,联邦探员们和警局人员把这些楼都包围了起来。事实上还有两架直升机在大楼上空盘旋,我想它们一定是媒体派来做报道的。

　　我把车停在平时停放的位置,然后进了楼里。楼里到处都挤着执法官员。立刻就有四五位探员将我带进了后面的会议室,我得在这里待上一整天。我要求我们的公司律师丽莎也在场,于是她也被带进了这个房间。探员们说他们来自联邦调查局和财政部。他们看上去很专业,一副公事公办的样子。他们向我出示了之前丽莎已经看过的搜查令,然后告诉我这个搜查令让他们有权完全控制研发中心,他们有权拿走任何属于分项类别的东西。他们让我在一张文件上签名,承认自己已看到了搜查令。我看了眼丽莎,她点头示意我签名。我完全不知道应该怎么办,非常茫然。对于这种事我唯一的参考来自电影,我不觉得那真会有什么帮助。

我问主管的探员能否让我知道究竟发生了什么事。他们没说太多,只是给了我一张名单,上面有大约30个人名,这些人都是调查对象。之前的医疗经理公司的整个行政管理团队都在这个名单上,比如马蒂、律师吉姆·默瑟,还有一些人则来自网络医生公司会计部。看着这名单,我惊讶得下巴都快掉下来了,但还有一些名字让我感到更加震惊:其中一位是当我们还是医疗经理公司的时候,来自享有国际声誉的会计师事务所的掌管我们公司审计的高级审计师。我很平静地接受了所有这些信息,但思维迅速旋转,试图找出所有这些信息背后的线索。

名单上的一个名字首先引起了我的注意,那就是保特·西德拉切克。跟名单上其他人不同的是,这个人不是行政团队或法律事务、会计事务的成员。他是经销商收购团队的一员,这个团队由博比·戴维斯带领,他是我们的收购副总裁。博比是在1997年公司首次公开募股时和约翰·塞申斯,我们的首席运营官,以及大卫·沃德,我们的销售副总,一起加入公司的。如果不是我们最近正在调查保特从经销商那里收回扣的事,我也很难一看到这个名字就记起他这个人,毕竟我的部门有2 300个员工。那个调查始于2002年底,到

2003 年初已经有博比·戴维斯和几个员工都牵涉了进来。在外面律师的帮助下，网络医生公司的律师正在处理这件事。我们已经解雇了相关人员并且将他们上告到坦帕法院，以获得传票权力来冻结博比和保特的财产。

随着调查的进行，我们发现了越来越多关于博比和/或保特在收购过程中从经销商手中拿回扣的事。对其银行账户的传审让我们发现了博比用来藏匿资金的错综复杂的空壳公司网络。调查者能够通过追踪这些资金的流入和流出来发现哪些人参与其中。保特已经开始配合我们，很明显博比·戴维斯是这事的头目。到这次突袭的时候，我们已经追踪到几百万美元，而这个调查仍在进行中。保特和博比的名字都在名单上，而搜查令也列出了一百多次的经销商收购，这次突袭很有可能是和博比的所作所为有关。但他的回扣事件只涉及四五位员工，我们对此事的调查正在公开进行。为什么政府不与调查律师谈谈呢？当所有的东西都已摆在面上，为什么还要在阿拉楚阿、坦帕以及新泽西发动突袭呢？

我终于通过手机找到了查理，网络医生的总法律顾问。他证实了他们也在公司位于新泽西的总部遭到了联邦调查局的突袭，他和我一样完全懵了。他也怀疑这事与博比·戴维斯的非法行为有关联。我们讨论了一种可能性，那就是博比试图通过告诉政府所有的公司高管都与他的回扣案有关来与之达成协议。如果这是真的，他的故事也不太可能立得住脚，因为我们掌握了他的银行账户和注销支票的确实证据。查理说再过几天事情会更加清楚，同时，我们要和探员充分合作。

一种平静的感觉笼罩着我，我一整天都有这种感觉。它有相当的厚度，感觉就像一张能保护我的毛毯，我一点也不担心。我知道自己没干坏事，所以他们什么也找不到。如果博比为了活命而撒了谎，那证据会揭示出真相。我想要确保自己参与得足够多来充分领会这非凡的经历。联邦调查局可不会没有什么充分的理由就来突袭你的公司。

我认为有超过50位来自全国各地的探员参与了这次突袭。他们花了一整天在这里，离开的时候几乎带着公司所有的东西。我的办公桌和文件柜里的每一张纸都被带走了，同样的事也发生在我的行政助理桑迪·普拉姆身上。丽莎办公室和法律文件室里所有的法律文件都被拿走了。过去，我的会议室桌面上放着成堆的经常使用的文件夹，现在它们都不见了，也没法重新复制。不只是纸质文件被拿走了，探员们还将所有台式机和服务器的电脑磁盘驱动器都做了镜像。

这一整天我毫无建树。在生命将我置于这种极端情况时，我想极力保持一颗平常心，在这上面我花了很多时间。没有理由去想这一切为何发生或之后会怎样，既然我对正发生之事并无了解，那么想来想去也是毫无用处。相反，我并不去理会脑中那个声音想说的话，每当心情开始焦虑时就尽量放松。我很享受这样。在现在的情况下，臣服不是一个选项，它是唯一理智的事。

那晚离开的时候，我找到主要的探员们，感谢他们能如此亲切。我还说希望我们能够在更好的情况下相遇。对于我来说他们只是一群想尽力做好自己工作的人，这当然不是他们的错。

2003 年 9 月 3 日太阳落山的时候，政府已在全国范围内搜走了 120 万封电子邮件、包含有 300 多万页文档的 1 500 盒文件和 83 万份电脑档案。这，确实是耻辱的一天。

　　　　　　　　　　　　　　　　　　臣服实验

第 51 章
律师，律师，更多律师

— * —

第二天早上，我提前尝到了未来一段时间自己生活的滋味。《盖恩斯维尔太阳报》的头条写着"联邦调查局突袭阿拉楚阿医疗经理办公室"。紧接着下面就是我的照片，旁边是报道标题"华尔街在午前停止网络医生的股票交易"。我知道自己什么坏事也没干，甚至连整件事情是怎么回事都不知道，但这些都不会让情况有所不同——反正我成了头条新闻。我从未被这样公开羞辱过，我注意到这种情况确实很扰乱心情。脑中的那个声音不停想要向人解释这事与我无关，当然，也不乏有人想要听听我会怎么说。来自全国的媒体，包括《华尔街日报》和《纽约时报》都试图联络我让我评论此事。

幸运的是，我聪明了点。我花了这么多年来让脑中那个声音安静下来，我早已明白听信它只会火上浇油。我知道放松下来并且平息为自己辩白的冲动就能产生巨大的力量。于是我决定只在必要的时候讨论这事，其他时候我会像往常一样做事。我没做错事，那又为何要让自己受其影响呢？时间会解决一切。同时我也不会让它来偷走我内心深处的安宁与欢愉。从一开始我就决定利用这个情形来将自己从那个被吓坏了的,总是阻挠我的自我当中解放出来。这就是我的整个旅程——不计代价的解放。

我们早上的第一件事就是与公司律师们进行了电话会议。谁都不知道发生了什么事。无论怎样,要做的第一件事就是雇一位律师。好吧,并不是**一位**——我们需要不同的律所来代表公司和董事会,还需要为名单上的每个人分别找一位刑事律师。我可以看到公司的律师们对待这件事的态度相当严肃。他们解释说这与你是否清白无辜毫无关系,这种大规模的突袭预示着重大问题的出现,每个人都需要法律代表。这意味着我们至少要请20位律师,而且我很快就发现这还不够。调查在南卡罗来纳州查尔斯顿的检察官办公室进行,因此有人建议高管们也让执业律师们在那里做事。我们现在讨论的是要雇佣三四十位律师,此外还有两个代表公司的律所。如果说我之前没被突袭吓到的话,现在我肯定会被这场保卫战震惊。

我完全无法理解突然被卷进这种状态。对于刑事案件我一无所知,甚至从未想过。这让我对于可能面对的固有的危险相当无知。如果没有律师的建议,我可能会想,既然我什么都没做,那何不直接找政府谈谈呢?我周围都是精明的商人,他们知道在向律师咨询,搞清情况之前决不能轻举妄动。随着事态的发展,我当然明白了这其中的智慧。

接下来几周,网络医生董事会雇用了名为威廉姆斯和康诺利的律所做代表。它不是华盛顿最大的律所,但被公认为是最擅长处理这种案子的律所之一。我让自己最尊敬的律师吉姆·默瑟来帮我挑

　　　　　　　　　　　　　臣服实验

选律师,因为我是新手而他是专家。我很感激他提供的所有帮助和支持。他把我带到威廉姆斯和康诺利的一位律师那里,那人给了我一份名单,上面都是他过去合作过的很受尊敬的刑事律师。这似乎是个重大决定,我完全不知道怎样面试一个顶级刑事律师。我听从吉姆的建议,开始与一些律师进行初步会面。但在我心中,我知道自己会将决定交给生命之流。

而事实是我只见了一位律师,那就是兰迪·特克。兰迪是贝克·博茨律师事务所的高级合伙人,这个事务所是美国历史最悠久、最受尊敬的事务所之一。他的简历读起来就像是白领犯罪世界里的某个名人。他曾成功地为休斯飞机公司辩护,反对美国政府关于哈勃太空望远镜 4 亿美元的索赔。在里根政府白宫副幕僚长麦克·K. 迪弗被指控作伪证及妨碍司法公正的案件中,他也曾是辩护律师团当中的关键成员。他的成功案子简直列举不完。

在我所收集的关于兰迪的信息当中,威廉姆斯和康诺利律所的那位律师所说的话对我影响最大。在听说我留着马尾辫住在树林里之后,他告诉我,兰迪是他认识的顶级辩护律师中最前卫的。他觉得根据对我的情况的了解,我和兰迪一定能相处得很好。

我和兰迪的第一次见面是在纽约。他飞来参加网络医生的股东大会,以便与我和助我选律师的吉姆·默瑟会面。我立刻感觉和他相处非常舒服。30 年来,他一直在为人民辩护,反对政府的指控。他在华盛顿执业,显然非常成功。兰迪似乎对这个案子和我的独特背景很感兴趣。他已经从他在威廉姆斯和康诺利律所的联络人那里尽量了解了情况,现在吉姆和我开始告诉他我们所知道的。

兰迪和我会面的时候,公司对于政府调查的重点更清楚了一些。和我们之前的推测一样,博比·戴维斯就是所有这些事背后的原因。2003年初公司对他的隐藏账户进行传唤之后,博比就知道东窗事发了。公司迟早都会知道他通过回扣和挪用公款侵吞了接近600万美元。这样他就会坐很久的牢。但博比是个骗子,而且显然是个高明的骗子。他在展开欺诈行为的同时欺骗了我们很多年,都没被发现。2003年3月博比开始了他此生最大的骗局——为自己的所作所为进行开脱。他走进南卡罗来纳州的查尔斯顿的检察官办公室,那儿就在他住处附近,声称自己要检举。他告诉联邦政府自己是一个上市公司的高管,牵涉进了一桩重大的财务欺诈中。他承认自己在欺诈中为自己和其他几个人收了回扣,但如果政府准备与他达成协议,他就能告发整个上层管理团队。

在突袭前的六个月中,在网络医生公开调查戴维斯和他的团伙的所作所为之时,博比·戴维斯悄悄地亲手给政府编了一个错综复杂的谎言网。戴维斯实际上是掌管整个经销商收购计划的注册会计师,这样他就掌握了每一次收购的具体信息以及每个支持档案。他为所欲为地给政府编造了一套关于公司和高层的参照体系。带着有如毕加索的高超技艺,他在政府相关人员如空白帆布一样的头脑中画出了一幅杰作。他所需要做的就是要让谎言与后面搜查出来的文件相一致。他知道没有什么确凿证据能支持这个"博比编造的世界"。但如果他说自己被要求以某种方式来做一个交易,而之后他也能展示这个交易确实就是这样做的话,就能在某种程度上证明他的故事的真实性。虽然这其中的破绽在于这不能支持"他就是被这样要求"的这一部分,但如果他告诉政府他们将找到什么,而他们也的确不断找到了那些东西,就会为他的故事增加可信度。最终他也能赢得他们的信任。如果知识就是力量的话,那么博比·戴维斯拥有这所有的力量。因为在与政府的早期交涉中,他就是那个拥有所有知识的人。

兰迪说这并不是什么少见的情况,政府通常都是先形成一种看法,然后试图找证据去支持这种看法。而目前联邦调查局也正在对从突袭中获得的大量资料做这样的事。兰迪认为这其中的问题在于文件众多,所以人们总是能找到办法让它们看起来就像他们想要的那回事一样。在前途未卜的情况下,兰迪同意尽力为我辩护,然后我们握了手。那时的我永远不可能知道我俩就要一起踏上一个奇幻旅程,也不知道我们会变成多么亲密的朋友。我知道的是将我拉进这个烂摊子的生命事件之流也带来了这位首席律师。这之后紧接着就是我那非凡的经历,现在再无回头路可走。

第52章

美利坚合众国 vs 迈克·A. 辛格

— ＊ —

突袭之后过去了四个月，我们依旧对正在发生什么知之甚少。我仍然觉得随着政府对文件和公司员工调查的深入，他们会意识到博比和其团伙才是做坏事的人。我们已不再是媒体报道的头条，生活中的一切都已回到相对正常中。兰迪和他团队中的几个人来过阿拉楚阿一两次。因为政府拿走了我们从1997年到2003年的所有文件，而我们并不知道他们到底想要立什么案子，所以也并没有多少法律工作可做。高管们唯一能做的就是让律师了解我们的业务和个人历史。

兰迪为我选了一位名为约翰·西蒙斯的南卡罗来纳律师。很快约翰就来与我会面了。约翰让我印象深刻，他曾是南卡罗来纳的联邦检察官，现在是执业律师。我们一起度过了一天，在看到我多年来为生意和寺庙所做的一切后，他对于现在发生的事情感到非常失望。他说他认识负责这个调查的检察官，那是一位优秀又智慧的女士。和其他被牵涉进这事的人一样，约翰很好奇博比是如何将她蒙进鼓

臣服实验

里的。

兰迪告诉我这些大型的白领调查的进度不是以月而是以年来计算的。他说在政府处理好他们缴获的文件，做好讨论案件的准备之前，我们也做不了什么。他也说我们可以向检察官询问我在名单上的状况。让我无法相信的是，他们说我是调查的主要目标之一。兰迪对此毫不意外。政府通常捉拿头目，因为我是 CEO，所以我就是名单上的头号人物。然而我仍然相信他们什么破绽也找不到，因此我也无须担心。我相信最终真相会胜利。

与此同时，公司在积极做辩护的准备。他们雇用了一个公司去完成对博比回扣案的内部调查。博比设法让政府与他站在了一边并不代表他没有从公司偷窃。此外，公司还开始展示并非整个公司都有猖狂的财会诈骗。董事会雇用了一个法律会计师事务所对医疗经理实践服务部门 2001 年的收入和利润进行了一次详细的审计。作为一个上市公司，让网络医生免于牵涉进这个烂摊子是相当重要的。幸运的是，这个目的达到了。

2004 年 7 月，为了让公司不受到医疗经理高管调查的影响，我辞去了部门 CEO 的职务。同年晚些时候，随着调查的升温，我也从网络医生的董事会辞职。我将之视为一种为了服务生命而进行的个人臣服。我放松并且放手内心的阻力。我就是这样处理这整个考验的，这让我这个阶段的生命成了自己的心灵之旅中深刻而强大的一部分。

2005 年 1 月迎来了调查中的下一个主要阶段。政府接受了博比·戴维斯和参与他回扣活动的两位同伙的认罪协议。他们同意以工资来对公司做出补偿，博比也同意在监狱待上一年零一天。考虑到他最终承认了在五年时间内通过 53 次回扣从公司共偷走了 540 万美元，这情形看来还不错。他们将要面对的唯一指控是邮件诈骗。

但我们其他人就相当困惑了。政府为了让其指证我们而轻易饶了他们，这对于我们来说明显不是什么好兆头。我们还发现博比与公司财务部的一个女人纠缠不清。她是收购项目的注册会计师和审计官。博比的伎俩得以瞒过财务、审计和高管们，在很大程度上都是因为有她的配合，然而她却没有受到任何指控。到这时我才意识到整个局势有多么不利于我。政府为了得到他们的证明，放过了那些显然有罪的人。这些人为了脱罪，将矛头全指向了高管们。总之，报纸上的故事说医疗经理的高管们都承认了自己曾涉入财会诈骗的罪行，还有更多人会被指控。这整件事对于网络医生公司和医疗经理实践服务部门来说是一场公关噩梦。在这世上我最不想做的事就是伤害公司的利益。在为公司尽心尽力服务了 25 年后，是辞职的时候了。2005 年 2 月 9 日，我将辞职信发给了网络医生的 CEO。这应该是唯一一封在这种情况下还写着"怀着极大的爱与尊重"的辞职信。我手写我所想，绝不是敷衍。

我很惊讶，经过这么多年，我的内心状态并未因离开公司而受影响。第二天早上醒来后，我像往常一样来到寺庙，然后又行至建在寺庙领地上的个性编程办公室旧址。那栋建筑被改造成了一栋房子，但现在没人住在那里。我之前的办公室曾被用作书房，书桌和家具都与 15 年前一样。我发现这个办公室与路那头的行政套房一样让我感到舒适。事实上，这里让我更加舒服。我一直都崇尚简约，那也

臣服实验

是我最初搬到树林里去的原因。当我安静地坐在办公室里时，我能看到这可怕的情况正带来惊人的变化——包括内在与外在。生活总是这样待我，接受这些变化就是我的伟大实验，来自政府的攻击也是如此。我必须心甘情愿地去它想将我带到的任何地方。

同时我也得到了开始写书的空间，我一直知道自己会写那些书。我有两本书要写：第一本书是关于自从多年前我坐在沙发上注意到了自己头脑中那个讲话的声音后之所学。那将是一段回到自我的旅程，能被世界上任何人接受。这本书将会被命名为《不羁的灵魂》。第二本书则是关于我放手自我、让生命自然展开的那些年来所发生的一系列神奇事件的故事，书名是《臣服实验》。我还不能动手写这本书，因为最后一章将如何展开尚是未知。因此在这所有的改变和不确定中，我开始书写《不羁的灵魂》。

此时，凯伦·恩特纳在寺庙领地上居住的时间已经超过了 15年。她已成长为医疗经理的一位做事富有成效的管理人员。作为存档和计算机培训部门的负责人，多年来她一直在我的监督下进行写作。我离开公司不久，她就表达了助我写书的意愿。所以现在我有一本书要写，还有一位完美的人选来协助我。寺庙、书以及与兰迪及其团队的定期谈话让我在那一年的剩余时光里相当忙碌。

2005 年 11 月，距那次突袭已整整两年，兰迪听说起诉即将来临。他和其他一些律师要求和政府会面，要政府出示能证明他们的当事人与犯罪有关的证据。那次会面的结果就是兰迪给我寄来了一叠一英寸厚的档案，那都是政府试图用来证明我操纵了博比的行为的证据。

我很有兴趣研究这些材料，但同时也有些忧虑。几小时之后我简直无语了。在这些材料中，我没看到任何可以用来控告我的东西，那里面有一些是博比所做并购的会计报告，但其他文件大多数都是我的助手桑迪对每周两次的高层电话会议做的手写笔记。在这些笔记上，联邦调查局几乎把提到我们的季度收入和收益预测的地方都画了出来。桑迪把我的名字写在了一些建议或意见旁。事情就是这样。我松了一口气，但又感到担心。我松了一口气是因为，就和我之前所想一样，他们没有找到任何能表明我做了坏事的证据。我担心则是因为显然他们认为那些画出记号的文件就是不利于我的证据。我不知道该怎么看这事，于是给兰迪打了电话。

兰迪说每个看过这些文件的人的反应都与我一样。这些笔记里没有任何东西能说明我有犯罪行为，但兰迪解释说这并不作数。博比说过他涉案的会计舞弊是为了满足华尔街的数据。这些文件将被用于展现犯罪动机。政府会辩论说既然你想要达到华尔街的预期，就会允许博比做一些不合适的事。政府为了对我立案就需要找到我的动机。但我的情况并不特殊，兰迪告诉我其他的所有高管和他们的律师对于收到的材料的反应都与我一样。

一个月之后，在 2005 年 12 月 19 日，兰迪收到了来自南卡罗来纳州哥伦比亚市美国执法局的通知，通知里说联邦起诉书已经发布，逮捕我的命令已下来了。12 月 28 日我将在南卡罗来纳的查尔斯顿与其他九位医疗经理公司的前高管们一起，在传讯中向联邦当局自首。传唤书是这样写的：

美利坚合众国起诉迈克·A. 辛格

第 53 章

准备辩护

— * —

在看到起诉书之前，我以为自己明白将要面对的是什么。说实话，那是我生平见过的最离谱的事。我知道博比告诉政府，我们对于他犯的错都是知情的，这使得我们都被牵涉了进来。从法律的角度来说，这让我们成了共犯，然而起诉书甚至都没有提到博比·戴维斯的名字。那上面列举了他声称不恰当的事，然后宣布那都是高管们的所作所为——或者更准确一点，"高管们导致了这些事情的发生"。我们都面临着共谋的起诉，而那会导致长达 15 年的牢狱之灾。

第一次看到起诉书时我整个人都惊呆了，但这都在兰迪的意料之中，毕竟他有 30 年的经验。起诉书用最强烈的语言呈现了政府那个版本的故事以让控告显得合理，另一方面真相仍有希望在审判中浮现出来。目前为止，对于博比的那一套说法还没有任何反击，事实上，我们还没有开始战斗。

为了传讯的事，我与兰迪以及我在南卡罗来纳的律师约翰·西蒙斯会面了。所有 10 位被控告的医疗经理高管们都来了，在场的还有 20 多位相关律师。约翰·康、约翰·塞申斯、里克·卡尔、大卫·沃德、两位区域副总、首席财务官、会计审计官以及之前负责并购项目的律师都在，场面相当混乱。在庭审开始之前，联邦调查局需要对我们做记录以及收集指纹。不用说，这对于我们来说都是生平头一次。

当我们最终在法院外聚集之时，我们之中很多人多年来第一次见到彼此。我们共同打造了一个成功的公司，所以在我们之间是有真正的友谊与同志之情的。律师希望我们不要交谈，但那是不可能的，场面一度成了满是握手与拥抱的重聚。大家都深知我们并未犯下任何一桩被指控的事，一个共同的敌人可能甚至让我们更加亲密了。我的感觉就是在检察官出现的时候，整个场面看起来更像是一次社交活动，而非传讯。

我真的很想见见检察官，我对她没有任何意见。事实上，对于她，我抱有一种奇怪的亲密感情，因为我们都被同一位大骗子——博比·戴维斯蒙蔽了。唯一的区别就是我清楚这一点，而她还被蒙在鼓里。兰迪并不支持我的行为，但还是同意让我对检察官做自我介绍。她与我握了手，但很明显她不太喜欢我。这是我们第一次见面，但在这之前，她内心已经有了一位人见人厌的米基·辛格的形象。

诉讼进行得挺顺利，只是通常情况下法官面前只有一位被告人及其律师，而这一次我们不得不挤进 10 位被告人、20 位律师。法庭相当小，公共座位区里坐的全是我们法律团队里的其他成员。房间很拥挤，陪审团席位被用来容纳 10 到 12 位穿着橘黄色连体衣的犯人，他们都等着见法官。我就正好站在陪审团席位的旁边，这些囚犯让我想起了以前在监狱里的团体。我允许自己去思考事情的发展方向——也许有一天我也会这样。我明白如果自己想要在这场严峻的考验中保持平静，就必须接受那种想法。那一刻我放下包袱，松弛下来。我正身在南卡罗来纳的法庭上被指控，心里却充满了对一旁犯人们的爱。兰迪用手肘碰碰我，让我站直了，注意诉讼的进程。而我只知道自己在生命的旅途中，看着它将我带往何方。

法官没有让我们缴纳保释金，我们写了保证书后就被释放了。尽管我们可以离开了，我还是在法庭里徘徊了一会儿，想知道这里还有什么在等着我。这是一个人生命中非常特别的时刻，最好不要错过。

那之后我和一些高管们一起待了一会儿。我和里克·卡尔有好几年都没见面了，但这并不影响我们的友谊。他说他已经被提名为佛罗里达联邦法官，他本来是要接受这个任命的，但在听说自己被指控后却不得不退出了。同样，约翰·康也准备辞去他在与自己兄弟建立的上市公司里董事长与执行总裁的职位。每个人都展示出自己最好的一面，但现在的形势正在改变他们的生活。

除了这些高管们和他们的家人，那些关于这场起诉的首页报道也影响了一些其他和我很亲密的人。联邦惩教所的典狱官打来电话说在这整个事情得以解决之前，他只能撤销允许我会见周六早上团体的授权。监狱工作可能是这30年来我做过的最重要的事了，但现在不得不结束。一股黑暗的浪潮冲向一切，而它们都曾是光明的来源。事情已不在我的控制之中。我决心保持平静，静待一旁，看看事情能否就这样过去，不对我的内心产生影响。这就像我最初面临危险想要开始我的臣服实验时一样，最大的区别就在于现在面对的危险已超出了我的想象。这是一场完美的风暴。

同时，离那次突袭已有两年了。根据法律，政府应该公布他们掌握的所有资料，然而传讯的时间到了，我们仍然没有任何可以用来准备辩护的材料。那晚，整个联合辩护小组都聚到了酒店。我很喜欢观察律师之间的互动。兰迪首先发起了一个联合辩护协议，这样我们就能共享资料了。但每位律师最终要为自己客户的利益负责。身处一屋子的刑事辩护律师当中，我意识到自己处于一个神奇的情景中，即将展开的是对于美国司法系统的个人体验。那些被指控的罪行我连想都没有想过，但这事最终会怎么样呢？我们伟大的司法系统有效吗？

一个月之后我们开始收到第一批公布的资料。我们得到了在那次突袭中被带走的120万封邮件，还有一些来自联邦调查局采访的笔记。还得等五个多月才能拿到被搜走的几百万页的纸质文件，更不用说在突袭中被复制的成千上万的计算机文档。政府用了三年时间审查这些材料，控方要看完这些材料也要花上好几年。

一旦开始陆续收到那些被公布的信息，兰迪和贝克·博茨律师事务所就不断给我任务：查看上万封电子邮件信息、查看六年来高管会议的笔记、查看我多年来带回家做的工作的书面回复。我会周期性地去华盛顿特区就一些具体事务与团队一起工作，总是有四五位贝克·博茨律师事务所的律师们在为我工作。其他所有高管们的律师身后也有专门的团队，虽然不一定有这么大的规模。我们越研究材料，结论就越明显——除了博比和他的团队，没人做错。没有任

　　　　　　　　　　　　　　　臣服实验

何邮件或文件能表明高层对违规的会计操作发出了指示,连暗示都没有。我们有三四十位律师都埋头于文件中,唯一的目的就是要找到将我们与博比的劣行联系在一起的证据。没人找出任何针对被告的确凿证据,但不幸的是,因为我们经常与博比·戴维斯合作,所以总有一些间接的证据可以用来表示你想要的任何东西。

这就是我写《不羁的灵魂》一书的背景。我发自内心地想要告诉那些深陷吵闹杂音的人们,他们有获得自由的办法。那,而非这摊混乱的法律之争,才是我一生的工作。无论这些谎言看起来有多吓人,我都毫不在意,我想做的是分享一个点亮他人生命的深刻真理。我全身心地投入到了这本书当中。2006年底我和凯伦就完成了写作部分,但我们还在做编辑部分。我把初稿寄给了兰迪。我想得到他的反馈,因为几乎在任何可能影响案子的事务上我都需要得到律师的同意。兰迪很担心政府会利用这本书来对付我,就像他们一贯的做法一样。我告诉他,我愿意冒这个险,尤其是我们不知道这个案子将在何处结束,因此我想要尽快出版此书。兰迪在与我谈论了这其中的风险之后,将决定权交给了我。

《不羁的灵魂》很快就出版了。我将一份初稿交给了詹姆士·奥迪亚。他是我的好友,也是寺庙董事会的成员。如同生命的完美安排一样,詹姆士当时是思维科学研究所(IONS)的所长,他们刚与全国最重要的心理学书籍出版社"新先驱"签订了联合出版协议。他们读了这书都很喜欢。考虑到我当时生活中的一切都被拉向了深渊,而这些能量却能如此顺畅地流动,真是让我吃惊。

2007年9月,《不羁的灵魂》开始发行。我没有进行例行的签售活动,也回绝了所有的采访。但我知道作者有推销书籍的责任,特别是在最初发行的时候。我告诉新先驱出版社我会通过网络进行宣传。凯伦和我制订了一个营销策略,我们就在阿拉楚阿的森林中花时间和金钱来宣传这本书。结果是惊人的。新先驱计划用一年时间来售完《不羁的灵魂》的初版发行量,而我们只用了三个月就将其售卖一空。这本书发行后在国内与国际市场持续畅销。在我人生的黑暗时期,这本书得以成功地出现,长出翅膀,在全球翱翔。来自世界各地的反馈令人惊叹。《不羁的灵魂》在实现它的目标——帮助他人。在这无边的黑暗之中,它在传递光亮。①

---

① 出版说明:2012 年 11 月,《不羁的灵魂》成为《纽约时报》畅销书榜的第一名。

第 54 章
宪法与权利法案

— * —

这场法律之战绝对是越来越有意思了。我们一旦有了这些披露的资料，就能准备辩护了。兰迪与辩护团队做的第一件事就是让法官迫使政府缩小材料的范围。他们总不能给我们上百万份电子邮件信息、文件、电脑文档以及好多年的会计条目，然后说你们做错的事就在这里面。如果我们想要有机会为自己辩护的话，就得更具体地了解所谓的错误行为。从法律的角度来说，这叫作索取详细清单。对此政府很不服气，但法官下令迫使他们具体指出将会在审判中用到的经销商并购案以及会计条目。

这几年来我看到的一直是真相被操纵得面目全非，而这是我们第一次在这件事上有了话语权。美国司法部是世界上最有权力的机构之一，但他们并非万能，这位法官有权驳回他们。既然不得不经历这整个考验，我就要尽力了解这个法律系统。我问兰迪是什么让我们有权对政府做出这个要求，他给出了一个答案，我喜欢极了——宪法。宪法第六修正案宣称"被告享有被告知指控的性质与原因的权利"。根据最高法院以往多年的判决，这个权利意味着如果你得到的披露材料太过宽泛，就有权要求获得一张详细清单。

我当时非常感动，但并未告诉兰迪。三年以来我一直静坐一旁，看着那股力量将博比的谎言变成一股看似势不可挡的毁灭之力。突然之间我被提醒，那些我从未见过的人们有这样的关怀与远见来确保我拥有权利。如果这将是美国对迈克·A. 辛格之战的话，那在我这方有一些非常伟大的人，比如说托马斯·杰斐逊、乔治·梅森、詹姆斯·麦迪逊。在接下来的几年之间，我很痛苦地发现在我与黑暗深渊之间只隔着一张纸，那就是美国宪法。

我回家从头到尾阅读了宪法。从我的困境看来，很明显国父们并不只是在创造一个政府，他们也在保护人民免受其害。对于这一点，我在理智上一直是清楚的，但现在这种认识又个人化了，非常个人。这不是公民课程，而是我的生活。在这样的情形之下，对于我来说，宪法变得非常生动。

整个 2007 年，联合辩护小组都在努力想要找出与政府在明细单上列出条目相关的文件。我每月都会去首都华盛顿待上几天参加复审会议，也会与贝克·博茨的法律团队进行定期电话会议。兰迪会出席几乎所有会议，而他的搭档凯西·库伯以及助理律师则会处理大多数日常工作。

每位助理律师都被分配了一部分分销商并购案，他们需要对其重新进行系统的建构，我们则会对每一笔交易进行小心而细致的审查。这整个过程中我的自尊犹如在被电钻伤害。我曾建立并经营了一家优秀的企业，我们有绝佳的产品、优秀的员工与客户，一切都很好。然而在这个经销商并购项目中藏满了污垢，就像看着一个粪坑一样。博比偷窃、说谎，还操纵并控制着他世界里的一切，包括我和其他高管。他的所作所为让我感到窒息。在这一切的背后我意识到，这些会议与博比做了什么并无关系。所有这些会议都在围绕着一个事实，那就是他找到了一个方法让我们为他的所作所为负刑事责任。如同置身于阴阳魔界，我唯一能做的就是尽可能地放手。我的口头禅是，这就是现实，面对它吧。我的态度就是，在我的人生道路上，如今的我是这个优秀的法律团队中的一员，大家聚到一起来保护这个可怜的名叫辛格的家伙，他被一个邪恶的恶棍陷害了。我深吸一口气，放手自我，为正在讨论的话题做出了积极贡献。

事情的确有了进展。我们发现联邦调查局对政府提供给我们的那个包含大家个人电脑文件的磁盘驱动器进行了不当的索引。出于某种原因，他们只通过简短描述标题来索引了文件，并未基于搜索目的而对文件内容进行索引，这就严重影响了对于这些重要数据来源的搜索结果。我们的辩护团队对文件进行了完整的索引，于是我们找到了很多有意思的历史档案。我们找到了一些早期的档案与邮件，它们可以用于直接反驳博比的一些谎言。一点又一点，我们解开了他制造的这个烂摊子。

我们的法官是布拉特，兰迪与他关系不错。我们一直定期展开审前听证会，布拉特法官同意了我们提出的一些动议。兰迪觉得法官的裁决相当公正，也感到他正逐渐意识到政府在这件案子上有多么的小题大做。此时距那次突袭已有四年时间，事情终于开始好转了。有兰迪来担任我的主要辩护律师以及联合辩护小组中的领导人物,我真是特别放心。

然而在 2008 年,情况却急转直下。2 月 7 日,兰迪告诉我他去医院检查身体,发现了一个癌性肿瘤,需要立即手术。医生剖开他的胸腔,切除了肿瘤。战争才进行了一半,将军就倒下了。

兰迪花了三四周才又重新站回了领导辩护的位置。然而他的健康问题一直悬在那里。医生说这个肿瘤有很大可能会复发,因此他应该考虑化疗。兰迪决定观察一下再说,也祈祷情况能变好。同时,他也回来工作了。这是对的,因为政府一直请求法官定下一个最后的审判日期。我们一直对法官说由于公布材料之多,我们根本就还没准备好。然而在 2008 年 6 月,法官还是定下了审判日期:2009 年 2 月 2 日。只剩下七个月了。我们还剩很多工作要做,真的得要一个军团的律师才能做完。

就在离审判日还剩三个多月的时候,兰迪的癌症又复发了。这次他需要长达八周的密集化疗,还需要很长的康复周期。我想起当初吉姆·默瑟为我选择律师时的建议,他说最好的选择就是来自顶尖律所的高级合伙人,而且他还得能够亲自投入我的案件中来。兰迪的确就是那个最好的选择,现在他不顾医生的反对,冒着生命危险将他的治疗推迟到了审判之后。我告诉他,我不愿意这样,但他决定在做出最后决定之前先看看这个肿瘤变大的速度。他就像一位武士,被赋予了一场关于荣誉、真理与正义的战争,绝不会因为小小的肿瘤而放下武器。

不幸的是,仅仅一个月之内肿瘤就长到了让他没有选择的地步。我们知道布拉特法官相当固执,绝不可能将庭审延期。虽然可能性很小，但兰迪还是要求将审判时间后延三个月，这样他就能亲自上场。宪法又一次眷顾了我，递交的动议援引了第六修正案，让我有权获得自己所选择律师的帮助。尽管这项延期的动议遭到了政府的反对，但仍然获得了法官的批准，条件是我得开始与另一位主要律师合作，以防到时兰迪又不能配合这个时间。新的庭审时间被安排在了五个月后的 2009 年 5 月 4 日，同时兰迪也开始了治疗。

我已与兰迪共事五年，他不但是我的律师和好友，还是整个联合辩护组的主要法律策略师，没有人能代替他。但我已向法官保证至少会找一位替补律师，因此只能深呼吸，然后向眼前的事实臣服：必须开始与一位新的首席律师合作了。

第55章
如有神助

— * —

离开庭的时间越来越近了,工作也大幅度增加。2月我们开始了审前听证会上一个有趣又重要的阶段——防止偏见动议。那些审前动议给了我们机会去质疑政府将在庭审上呈递的证据在法律上是否可靠。他们拿走很多文件,并且用符合他们理解的那套说辞将之进行诠释,我心知很多文件的含义都被扭曲了。但很多文件内容一旦脱离上下文被单独使用,就很容易误导陪审团。我很开心地了解到,法庭将我们公平审判的宪法权利解读为,未达到合理的可信标准的证据,不能在陪审团面前使用。换句话说,我们有权请求法官禁止某些证据在庭审上使用。

我们通过一个又一个动议,对政府想要递交给陪审团的材料进行了相关性和可信度方面的质疑。法官与我们对很多事的看法都一致,他最终禁止了那种随意解读文件与事件来制造证据的行为。我并未参加这些审前听证会,但看了所有的动议,而且对于听证会的结果很有兴趣。那个时候兰迪还在治疗中,因此由亚历克斯·沃尔什

　　　　　　　　　　　　　臣服实验

通知我每日动态。我对她印象深刻，同时也能看出兰迪的缺席给了年轻的律师们很大的机会。我很开心地看到这一片黑暗中某种伟大之事正在成形。

兰迪的化疗结束了，他尽可能地想要立刻回来工作。但尽管治疗是成功的，他还是花了好几个月才完全恢复了力气。3月底，离开庭一个月的时候，我们才知道我们应该担心的可不仅仅是兰迪的恢复期。布拉特法官在2009年3月27日宣布，由于年龄和身体的原因，他不再担任这个案子的法官了。

恐吓威胁立刻开始了。政府放话说所有的辩护律师最好都来协商认罪协议，因为新的法官会让他们输掉这个案子。布拉特法官在过去三年半的时间内已经逐渐了解了这个案子，而且他很公正，因此不用说在最后关头要换人有多让人沮丧了。在我人生中最危险的时刻，兰迪与布拉特法官，两股我最信任的保护我的力量都被抽离了。这一系列神奇的事件完全超出了我的控制，除了更深的臣服，我别无选择。生命最终呈现的方式似乎就是要保证我剩余自我的灭亡，而这也是我多年以来一直向生命追寻的东西。

谁也不知道接下来会发生什么事。审判时间几乎是一定会重新安排的，但对于新的具体日期以及新法官会是谁，大家都毫无头绪。我们能做的就是继续保证自己已经做好了准备，以防万一。地区总法官诺顿负责寻找一位法官，他得在短时间内确定自己能够处理长达四个月的审判。与此同时，布拉特法官继续主持审前听证会，我们也继续在防止偏见动议中表现良好。最后，因为找不到替代法官，诺顿法官决定亲自审理这个案件。在7月的一次听证会上，我们得知了新的开庭日期：五个月后的 2010 年 1 月 18 日。现在这个案件由美国南卡罗来纳的地区总法官审理，事情越闹越大了。[①]

2009 年 8 月，诺顿法官接收了审前听证会。那个时候兰迪已经重新完全投入工作中了。他发现诺顿是个聪明、博学又公正的人，他的裁决与布拉特法官的裁决非常相似。在开庭前的那几个月间，我们继续在审前动议中逐条驳斥政府的指控。很显然，与之前的法官一样，这位新法官看到案情对我们不利。

截至 10 月，离审判还剩三个月，该在查尔斯顿预约住处了。几年前我问兰迪，有没有可能政府发现我没有做任何违法的事，然后放弃指控。他认为政府绝不会放弃指控我、约翰·康以及约翰·塞申斯，我们分别是公司的 CEO、总裁和首席运营官。如果首席财务官还未因癌症去世的话，兰迪也会把他放进这个名单。

我想确认自己到底有多大机会，于是问兰迪是不是得要有神的帮助才能让我避免这场审判。他沉思一阵，然后开了口："是啊，得有神助才行。"带着那种想法，唐娜和我去查尔斯顿租了能住四个月的地方。我们让这成了一场冒险。我们都在寺庙里住了不止 35 年，其间每次离开的时间都不超过几周。这次审判则强迫我们离开这么长一段时间，当然我离开的时间完全有可能更长。

临近开庭日期了，事情的发展与兰迪的预期一样。政府一个接一个地召见了第二梯队的被告高管们，想要在取消指控前获取点有

---

① 值得指出的是，几年前南卡罗来纳最初提出指控的检察官辞职了，华盛顿的司法部已接管了此案。

臣服实验

用的东西。当然，他们什么都得不到，我们也很高兴地看到同事们脱离了困境。最后还剩三位高管要在 2010 年 1 月 18 日受审。

12 月中旬我接到了兰迪打来的电话，他从幕后渠道得到了暗示：政府突然有兴趣与我们商量一个和解协议了。兰迪确认后说政府似乎已得到了足够多想要的东西，他们想要让我脱离这个案件。考虑到我们在审前听证会上取得的胜利，我们感觉相当自信。我告诉兰迪我想要政府撤销指控，而且不能留下任何记录。如果他们想要我陈诉事实，那么我会说自己一直都认为公司所有事都遵循了标准的财务原则，但现在发现博比做了一些违法的事。换句话说，除了事实，别的我都不会说。

不知为何，就在突袭的六年之后，离开庭四周之时，光明开始驱开黑暗。政府坚持要我自愿放弃一部分我已持股 12 年的股票，股价有可能已因博比在财务上做了手脚而受到了影响。我不确定股价是否真的受到了影响，但即使是，那些钱也是我不想要，也不需要的。然后这场噩梦就像它突然开始一样，又突然结束了。政府同意撤销对我的所有指控。

我不觉欣喜，也不觉宽慰。我感到的是一种深深的感激。真相最终获胜了。可能确实有神的帮助，但真相毕竟胜利了。然而约翰·康与约翰·塞申斯仍然得参加审判的这一事实却减弱了这种感觉。我看过这个案子的所有文件，知道这其中那些有意做错的事都来自博比·戴维斯与他的同伙。我也明白约翰·康与约翰·塞申斯都尽力在干自己的工作，我与兰迪合作以让他与他的团队能够在审判期间提供支持。他们无法直接参加庭审，但他们出席并写好了诉讼中及其之后需要的概要、动议和其他文件。

审讯进行得非常顺利。约翰·康的律师是个非常优秀的诉讼律师。他几乎一手负责盘问政府的证人们，其中包括博比和他在财务部的情妇卡洛琳。当政府暂停此案的时候，辩护律师们感觉几乎来自政府的每位证人都变得对被告有利。被告也在休息。根据过去一个半月在那间审判室里发生的事，大家都觉得政府并没有很好地证明他们的案子。在两边都休庭的时候，案子交到了陪审团。

陪审团考虑的时间并不长。五六个小时后，他们宣布已达成了一致的裁决。考虑到审讯时发生的事，这个考虑的时间显得还算合理。2010 年 3 月 1 日，陪审团重新聚到了法庭，然后宣读了裁决结果：有罪。

被告惊呆了，法官也相当震惊。发生了什么事？对陪审团成员的审后采访表明，在开场辩论后，案子就已基本结束了。政府对公司里发生的错误做出了简单而又气势汹汹的陈述，大多数陪审团成员在那时就立刻做出了决定。对于多数陪审团成员来说，只要听到政府的陈诉就已足够被误导了。这很悲哀。我们的法律系统没有起到作用，真相并未被揭示。约翰·康与约翰·塞申斯等待着被判刑。

此刻只余一线希望的可能。辩方根据诉讼时效提出了撤案动议，但法官尚未对此动议做出裁决。2010 年 5 月 27 日，也就是大约审判三个月之后，诺顿法官做出了裁决，撤销了针对约翰·康与约翰·塞申斯的整个案子。在这一裁决中，法官抓住机会一次又一次地为本次案件中所发生之事对政府进行了责备。他责备政府让这么多人被起诉长达五年之久，然后又在审判前放弃了所有控告。他指出，这一行为使得本案的审前辩护费用超过了1.9亿美元。

　　令我开心的是约翰·康和约翰·塞申斯自由了，他们的记录上也没留下任何污点。至少有人注意到了过去这段时间发生的事有多么荒谬，对此我深感鼓舞。但是真相还不明朗，政府仍有权对法官的撤案决议提出上诉。为防止出现这种情况，辩方也提出了重审的动议。这一次动议基于一个大胆的论点：陪审团的意见是错的——审判中提出的证据并不足以支持判决。2011年1月19日，时隔审判一年之时，一切终于真相大白。那一天，当诺顿法官对重审动议做出裁决的时候，杰斐逊、梅森以及麦迪逊一定都松了一口气。在对他们的意图进行了两百年的解读后，这个系统终于奏效了。真理与正义最终胜出了。

　　距博比·戴维斯走进查尔斯顿的检察官办公室开始说谎的那天已有七年了。这虚妄之网曾一时得势，将一切都卷了进来，但它并未瞒过南卡罗来纳地区的首席法官。诺顿法官经历了整个审判，听到了所有证词。陪审团可能愿意接受政府的那套说辞而不让他们承担合理的举证责任，但法官不会这样做。为防他的撤案令被否决，诺顿法官不但通过了辩方的重审动议，还写了19页的意见，将政府批得一无是处。他特意指出政府并不能证明高管们之间有什么阴谋。相反，证据表明医疗经理的高管们认为会计工作做得不错。他还说他发现政府的主要证人博比与卡洛琳并不可靠，卡洛琳不过是在模仿博比的话语。

　　我带着满腹的敬畏与宽慰看完了诺顿法官的裁决。这事终于结束了，最终最重要的人物排开杂音认出了真相。以前我并不知道如果法官认为证据不足以支持评审团的裁决,他便能不予采纳。诺顿法官明确表示,他不但有权利而且更有义务这样做。这是宪法史上的好时光。宪法是为保护公民不受政府迫害而写,但它也仅仅是一张纸而已,而法官却是确保这种保护能够落实的唯一代理人。这个案件中的两位法官都是我眼中的英雄,他们展示了政府的不同部门如何相互监督与平衡。法官们曾发誓要维护宪法,他们也的确无私地做到了这一点。①

---

① 此事的结局就是政府并未对诺顿法官驳回此案的判决提出上诉。最终医疗经理公司所有被起诉的高管们都获得了自由。

　　　　　　　　　　　　　　　　　　　　　　　臣服实验

第 56 章

重返起点

— * —

烟雾消散之时，生活的旋风将我放回了她曾把我拾起的地方。时过 40 年，我仍住在离当初搬到树林开始冥想时建造的房屋不远之处。每个清晨和夜晚，我仍为了寺庙里的仪式与人们会面。自 1972 年开始的每周日早晨的大型集会也仍在进行中。然而当初用于修建寺庙的 10 英亩土地已被 900 英亩起伏的土地与美丽森林环绕，而我们则被生活变成了这一切的管家。在与宇宙之流共舞的过程中，我生活的基础完全没被打扰。

这次法律上的磨难很快就变成了遥远的记忆，几乎就是一个梦。和别的一切一样，它来了又走。我能够清晰地看到，因为一路走来每一步我的内心都是臣服的，所以此事并未在我心里留下创伤。这就如在水上写字——印迹只在事件真正发生期间持续。然而在这些经历发生的时候，每一笔、每一画都到达了我心深处，并迫使我跨越了深深的恐惧与个人界限。只要我愿意接受生命之流的清洗能量，就能不断地以全新的面貌出现。当此经历在我身上创造出如此的美与自由之时，我又怎能视之为无益呢？相反，自开始这个神奇的接受与臣服实验，我就对所发生之事满怀敬畏。

有一件事是确定的：人们一旦启程就不会回头。生命之流如同砂纸一样在很大程度上将我从自我解放。由于无法脱离自我灵魂的不断拉力，我在绝望之中投入了生命的怀抱。从那一刻开始，我就尽力服务于当前之事，同时也放手内心被此事激起的涟漪。无论是欢乐还是痛苦，成功还是失败，赞誉还是责备，所有这些都曾拉动我内心深埋之物。越放手，我越自由。发现将我束缚之物不是我的责任，而是生命的工作，我的职责是心甘情愿放开内心的一切。

多年来看尽眼前事之后，向生命之流臣服已成为我的一切。我不再忙于制订其他计划，而是安定于让我再次找到自我的越来越孤独的平静生活。显然生命为我提供了撰写本书的理想环境，自我坐下的那一刻起，灵感有如潮涌。我开始写下我一直以来都知道自己必然会写的东西，那就是当我放手自我时发生的一切。

人们常常问我在历经过去 40 年改变人生的经历之后，我是如何看待事情的。我会让他们去读《不羁的灵魂》。透彻理解到生命自有安排后所能获取的巨大自由，这哪里是我能解释得清楚的呢？唯有亲身经历能帮到你。挣扎会在某个时刻停止，只余臣服于不能理解的完美所产生的深深平和。最后连意识也停止抗拒，而心亦不再关上。那快乐、兴奋和自由如此美丽，无法放弃。只要你准备好放手自我，生命便会成为你的朋友、老师和秘密情人。当生命之路成为你的道路之时，噪音停止，巨大平和到来。

对生命历程永怀感激……

迈克·A. 辛格

2015 年 3 月

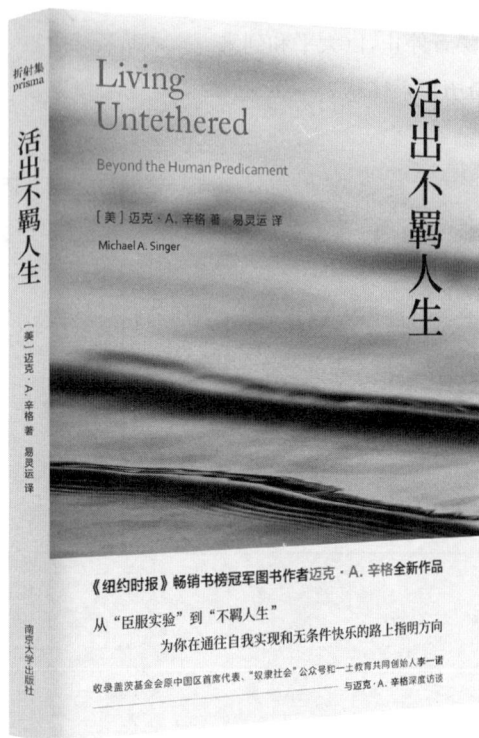

折射集
prisma

Living
Untethered

Beyond the Human Predicament

[美] 迈克·A. 辛格 著　易灵运 译

Michael A. Singer

活出不羁人生

[美]
迈克·A. 辛格 著
易灵运 译

《纽约时报》畅销书榜冠军图书作者迈克·A. 辛格全新作品

从"臣服实验"到"不羁人生"
为你在通往自我实现和无条件快乐的路上指明方向

收录盖茨基金会原中国区首席代表、"奴隶社会"公众号和一土教育共同创始人李一诺
与迈克·A. 辛格深度访谈

南京大学出版社

《纽约时报》畅销书榜冠军图书作者**迈克·A. 辛格**全新作品

从"臣服实验"到"不羁人生"

为你在通往自我实现和无条件快乐的路上指明方向